ECO
ACT
ION
미래를 여는 에너지

Energy of the Future
by Angela Royston

지속 가능한 에너지의 미래

청소년 에코액션 03

미래를 여는 에너지

안젤라 로이스턴 글 | 김기헌 편역

다섯수레

여는 글

내일의 태양
–지속 가능한 에너지의 미래

인류가 '에너지'라는 말을 쓰기 시작한 것은 그리 오래전의 일이 아닙니다. 그러나 지금은 누구나 일상에서 흔히 사용하는 단어가 되었습니다. 이 책에서 다루려고 하는 이야기를 시작하려면 먼저 이 친숙한 일상용어의 과학적 의미를 다시 한 번 짚어 볼 필요가 있습니다.

에너지는 어디에나 있습니다. 질량을 가지고 있는 모든 물체는 에너지를 가지고 있습니다. 물체들은 에너지를 서로 교환하기도 합니다. 그렇지만 그 과정에서 에너지가 더 생겨나거나 사라지는 일은 없습니다. 또 에너지는 빛, 소리, 열, 전기 같은 다양한 형태로 존재합니다. 하지만 에너지의 전체 양은 바뀌지 않고 일정합니다. 이를 에너지 보존의 법칙이라고 합니다. 에너지는 만들어 내는 것이 아니고 형태가 바뀌며 변환되는 것입니다.

보는 것, 듣는 것, 소리 내는 것, 데우는 것, 움직이는 것, 모두 에너지를 이용하는 일입니다. 사실 우리가 일상의 문제를 해결하는 데 있어 에너지를 필요로 할 때 중요한 것은 에너지의 종류입니다. 따뜻한 차를 마시고 싶은 사람은 물을 데울 열이 필요합니다.

밤에 책을 읽으려면 빛이 있어야 하고 음악을 들으려면 소리가 필요합니다. 손전등을 켜면 건전지에 저장된 화학에너지가 전기에너지로 되었다가 빛에너지로 바뀝니다. 자동차의 가속페달을 밟으면 연료의 화학에너지가 엔진 속에서 열에너지로 바뀌었다가 다시 동력으로 바뀝니다. 이처럼 우리는 필요에 따라 에너지를 여러 가지 형태로 변환하여 사용하게 됩니다.

그러므로 에너지를 사용해서 무언가 유용한 일을 하려면, 주변에서 얻을 수 있는 에너지원을 적절한 에너지로 변환할 수 있는 장치가 필요합니다. 풍차나 물레방아, 엔진, 연료전지 등이 에너지 변환 장치의 예입니다. 그런데 인류가 아주 오래전부터 사용하던 에너지 변환 장치가 있습니다. 바로 사람의 몸입니다. 우리는 식물이 태양의 빛에너지를 이용해 저장한 에너지원인 양분을 먹이사슬을 통해 얻습니다. 사람의 몸은 이 양분을 소화시켜 체온을 유지하는 열을 만들고, 근육을 움직여 일을 하고, 소리를 내어 의사소통을 합니다.

많은 사람이 에너지라고 하면 석유나 전기를 떠올립니다. 그것은 아마도 이 두 가지가 인류가 가장 흔하게 접하고 사용하는 에너지의 형태기 때문일 것입니다. 석유나 전기는 저장하거나 운반하기가 편리한 데다가 필요한 대로 쉽게 다른 종류의 에너지로 바꿀 수 있는 형태의 에너지입니다. 우리는 바람, 흐르는 강물, 햇빛도 좋은 에너지원인 것을 알고 있습니다. 그런데 따지고 보면 석유나 석탄 같은 화석연료를 비롯해서 인류가 사용하고 있는 에너지의 근원은 대부분 태양으로부터 온 것입니다. 태양의 복사에너지가 지구로 들어와 육지와 바다를 데우고 바람을 불게 하고 강과 해류를 흐르게 하고 식물들을 자라게 합니다.

에너지는 일을 할 수 있는 능력을 나타내는 양입니다. 그래서 우리는 더 편안하고 더 즐겁고 더 많은 여유를 즐기기 위해 좀 더 많은 에너지를 사용하기를 원합니다. 그런데 예전에 특히 산업혁명기 전에는 한 사람이 취할 수 있는 '태양에너지'의 양이 생태계의 먹이사슬을 통해 전달되는 에너지, 즉 음식을 통해 얻는 에너지의 양으로 제한될 수밖에 없었습니다. 그래서 정치권력이나 재력을 가진 사람들은 다른 사람들을 무력으로 지배하거나 금전적 계약

관계로 고용하여 개인이 취할 수 있는 에너지의 양을 늘렸습니다. 인간은 에너지의 수요자일 뿐 아니라 에너지의 공급 수단으로 여겨졌습니다. 식량과 노예를 차지하기 위해 전쟁을 했다는 것은 이런 관점에서 보면 에너지 확보를 위한 분쟁이었습니다.

지금은 누구든지 원한다면 세계적인 음악가들의 연주를 호주머니에 넣고 다니면서 즐길 수 있습니다. 아마 예전에는 세상이 지금보다 훨씬 고요했을지도 모릅니다. 원하는 음악을 즐기려면 직접 악기를 연주하는 법을 배우거나 아니면 연주자를 고용할 재력이 있어야 했을 테니까요. 실제로 중세 유럽에서는 많은 음악가와 화가들이 왕실이나 패트론이라고 부르던 스폰서에게 개인적으로 고용되어 그들을 위한 예술 활동을 했습니다. 누구나 쉽게 음악을 즐길 수 있게 되었다는 사실은 그만큼 한 사람이 사용할 수 있는 에너지의 양이 늘었고 그 가격이 싸졌다는 것을 의미합니다.

제임스 와트의 증기기관으로 상징되는 산업혁명기를 거치면서 인류의 에너지 공급 방식이 급격히 바뀌었습니다. 인간이 자신의 몸 바깥에서 에너지를 대량으로 변환할 수 있게 된 것입니다. 에너지 사용량이 급격히 늘기 시작했고 인류의 생산성 또한 폭발적으로 증가했습니다. 과학의 발전과 맞물려 계몽주의 시대에 들어와서는 인간의 이성과 지성이 인류를 궁극적으로 결핍의 문제로부터 구할 수 있으리라는 믿음이 생기기도 했습니다. 종교와 왕권 같은 비이성적 권력의 지배를 거부하고 자유와 평등의 권리를 찾으려는 정치운동이 일어났습니다.

하지만 제국주의 시대와 두 번의 세계대전을 거치면서 그리 오래지 않아 이러한 장밋빛 기대가 꺾였습니다. 심지어 과학적 방법을 조롱하고 절대 진리의 존재를 부정하는 사조가 생기기도 했습니다. 인류는 여전히 제한된 에너지와 자원에 기대어 있다는 것을 인식하게 되었습니다.

최근에 사람들은 인류의 눈부신 번영을 가능하게 했던 화석연료를 기반으로 한 에너지 체계와 그 결과 일어날 수밖에 없는 일들에 대해 자각하게 되었습니다. 화석연료는 수십억 년 전에 지구로 들어온 태양에너지가 그 당시 대기 중의 이산화탄소를 매개로 생태계의 먹이사슬을 따라 저장되었다가 땅속에 묻혀 아주 오랜 시간에 걸쳐 만들어졌습니다. 화석연료를 태워 에너지를 얻는 동안 우리는 수십억 년 전의 이산화탄소를 현재의 대기에 풀어 놓고 있습니다. 대기의 성분이 변하고 지구의 열균형이 바뀌고 있습니다. 더군다나 현재의 에너지에 대한 우리의 필요를 과거 수십억 년 전에 지구에 들어온 태양에너지에 의존하는 방식이 지속 가능할 수 없다는 것은 분명합니다.

주로 물, 바람, 태양을 에너지원으로 하는 에너지는 여러 가지 이름으로 불리기도 했습니다. 석유 고갈에 대비하기 위한 '대체에너지'로 일컬어지기도 했고, 대기오염 등 환경오염에 대처하는 '청정에너지'로 불리기도 합니다. '재생가능에너지' 혹은 '재생에너지'라고 할 때의 의미는 '필요에 의해 다른 형태의 에너지로 변환될 때 그 에너지원이 원래의 상태로 회복되는 시간이 인간의 시간 개념에 비추어 짧은 에너지'를 뜻합니다. 이를 '비교적 최근에 지구로 들어온 태양에너지'로 이해해도 좋겠습니다. 앞에서 언급한 것처럼 필요한 에너지를 안정적으로 공급하는 것은 인간의 존엄과 행복을 위해 매우 중요한 일입니다. 그리고 우리와 다음 세대를 위해 그 방식은 반드시 지속 가능한 방식이어야 합니다.

어떤 사람들은 '석유 중독'이라는 말을 쓰기도 합니다. 화석연료에 대한 의존을 줄이지 못하면 미래에 어떤 일이 일어날지 뻔히 알고 있으면서도 그 값싸고 편리한 에너지가 제공하는 유익을 뿌리치지 못하고 파국을 향해 걷는 우리의 모습을 비유한 말입니다. 석유를 비롯한 화석연료는 인류가 오랜 결핍의 속박에서 벗어나 현재의 번영을 이루어 낼 수 있도록 신이 준비한 축복이었을지도 모르겠습니다. 이제 우리의 책임은 그 번영의 혜택이 우리 다음 세대에까지 이어질 수 있도록 우리의 에너지 체계를 지속 가능한 에너지 체계로 바꾸는 것입니다. "농부는 굶더라도 다음 해에 농사를 지어야 할 종자는 먹지 않는다."는 우리 속담이 있습니다. 아직 기회가 남아 있을 때 우리는 소중한 자원들을 현명하게 사용하여 미래를 준비해야 할 것입니다.

우리의 내일을 내일 떠오를 태양에 의지할 수 있는 지속 가능한 에너지의 미래를 꿈꾸며.

2014년 4월

김기헌

차 례

c o n t e n t s

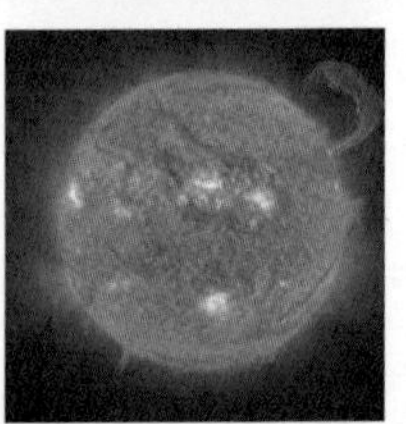

세계가 직면한 도전

우리나라를 비롯해서 북아메리카나 유럽, 일본 등 선진국에 살고 있는 사람들은 상대적으로 높은 수준의 삶을 향유하고 있다. 대부분의 가정이 자동차를 소유하고 있고, 항공기를 이용한 장거리 여행도 그리 특별한 일이 아니다. 지구 반대편에서 생산된 먹거리가 신선하게 식탁을 채우고, 난방 장치와 에어컨은 어떤 기후나 날씨에도 쾌적한 환경을 만들어 준다. 세탁기, 청소기와 같은 많은 가전 제품이 삶을 더 편안하게 해 준다. 컴퓨터, 각종 미디어 플레이어, 게임기 같은 근래의 발명품은 삶을 더 즐겁게 만들어 주었다. 게다가 이런 상품들을 고안하고 생산하고 판매하는 일은 많은 사람에게 일자리를 제공하고 있다. 생활은 점점 더 바빠져 가고, 시간을 아끼기 위해 사람들은 차와 항공기, 다양한 디지털 기기에 더욱 의존하게 된다. 우리는 시간을 벌고 좀 더 편안해지기 위해 더 많은 에너지를 사용하고 있다.

연료
태우기 등의 방법으로 소모하여 에너지를 얻을 수 있는 원료

에너지와 자원의 소비

에너지는 어떤 일을 하게 하는 능력을 나타내는 양이다. 물건을 옮기거나, 소리를 내거나, 빛을 내어 밝히거나, 따뜻하게 데우거나, 차갑게 얼리거나 무엇이든 일을 하려면 에너지가 필요하다. 이런 에너지를 사용하기 좋은 형태로 필요한 사람에게 전달하는 방법에는 크게 두 가지가 있다. **연료** 또는 전기의 형태이다. 최근에는 에너지 전달의 매개로 수소를 사용하기 위해 연구가 활발하게 진행되고 있다. 자동차나 비행기 같은 교통수단들은 이동 중에 에너지를 소비해야 하기 때문에 대부분 석유에서 얻은 연료를 싣고 다니며 태워서 에너지를 얻는다. 집이나 학교, 직장에서 사용하는 장비나 기계는 대부분 송전선을 통해 공급되거나 배터리에 저장된 전기에너지를 사용한다. 이 전기에너지를

왜 전기를 사용하게 되었을까?

우리는 가정이나 일터에서 그리고 이동 중에도 에너지를 필요로 하며, 대부분의 경우 전기의 형태로 공급받고 있다. 빛도 소리도 열도 모두 에너지의 다른 형태인데, 왜 우리는 주로 전기를 쓰게 되었을까? 일단 송전망이 설치되고 나면 전기는 빠르게, 효율적으로 먼 곳까지 보내고 받기에 편리한 형태의 에너지이다. 게다가 에너지를 소비하는 수요자 입장에서 보면, 전기는 필요에 따라 다양한 형태의 에너지로 변환하기 쉬운 양질의 에너지이다.

만들기 위해 많은 **발전소**에서 석탄, 석유, **천연가스**를 태우고 있다. 적은 비용으로 쉽게 에너지로 변환할 수 있는 각종 연료들은 우리가 일상생활에서 구입하고 소비하는 물품들을 만드는 데 필요한 다른 원료들처럼 이 지구의 자원이다.

발전소
대량의 전력을 만들어 내는 설비나 시설

천연가스
기체의 형태로 발견되는 화석연료

세계가 맞닥뜨린 심각한 도전, 지구 온난화

선진국에 살고 있는 사람들의 숫자를 다 합쳐도 세계 인구의 4분의 1 정도인데 이들이 지구에서 생산되는 자원의 대부분을 소비하고 있다. 세계의 모든 사람이 현재 선진국 사람들이 살고 있는 생활 수준으로 사는 것은 아마도 불가능할 것이다. 지구가 충분한 자원을 공급하지 못할 것이기 때문이다. 예를 들어 만약 모든 사람이 최대 소비국인 미국의 평

발전소에서 만들어진 전기는 사진과 같은 송전선을 통해 에너지를 필요로 하는 마을과 도시로 보내진다.

균적인 생활을 하는 사람처럼 살려면 그 에너지와 원료를 공급하기 위해 지구와 같은 행성이 다섯 개 넘게 필요할 것이다. 하지만 다행히도 아직까지는 대부분의 사람이 그보다는 훨씬 적은 양의 자원을 소비하고 있다. 만약 사람들이 모두 평균적인 인도 사람처럼 산다면 지구 자원의 4분의 1 정도로도 생활을 꾸려 갈 수 있을 것이다.

공평한 몫 이상으로 지구 자원을 사용하고 있다는 사실 이외에도, 우리 삶의 방식은 큰 문제를 만들고 있다. 세계가 맞닥뜨리

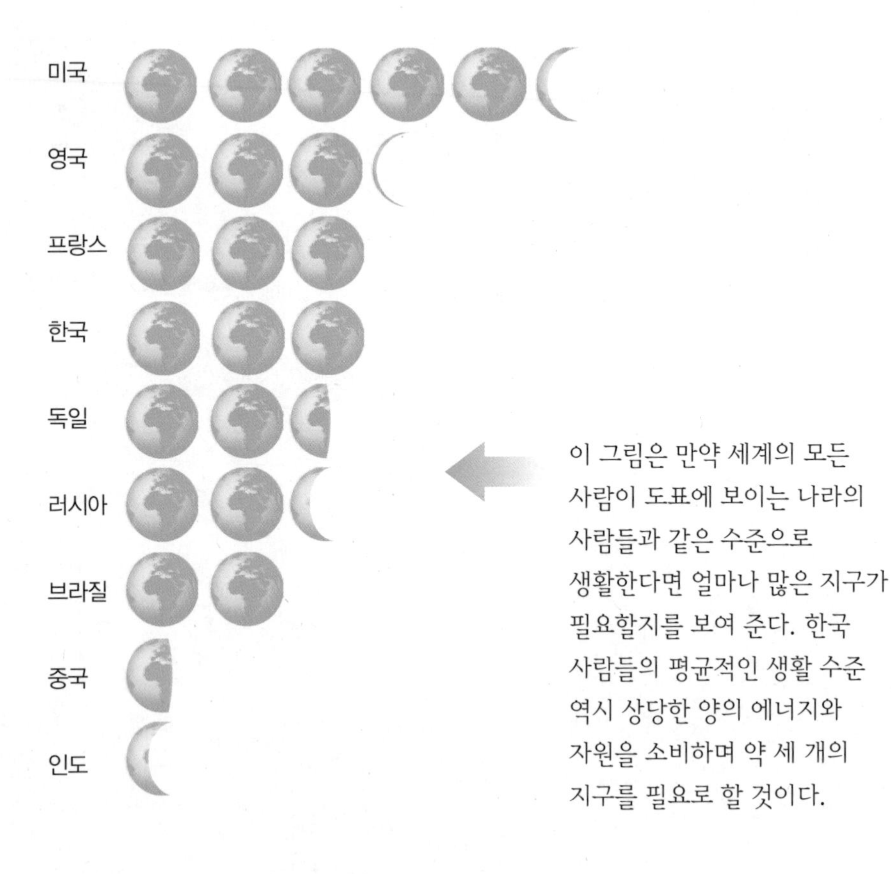

이 그림은 만약 세계의 모든 사람이 도표에 보이는 나라의 사람들과 같은 수준으로 생활한다면 얼마나 많은 지구가 필요할지를 보여 준다. 한국 사람들의 평균적인 생활 수준 역시 상당한 양의 에너지와 자원을 소비하며 약 세 개의 지구를 필요로 할 것이다.

고 있는 심각한 도전, 바로 **지구 온난화**이다. 이 도전에 대처하기 위해, 보다 높은 생활 수준을 누리고 있는 나라의 사람들은 다가오는 미래의 전력 생산 방식과 현재의 생활 방식을 바꾸어야만 한다. 그렇지 못하면 세계는 21세기를 통해 점점 늘어 가는 재난으로 고통받게 될 것이다.

지구 온난화
지구 평균 온도의 상승

연료전지
전기화학 반응을 이용하여 수소와 산소를 결합하여 물을 만들면서 전력을 생산하는 에너지 변환 장치

에너지 변환 장치

엔진이나 풍력발전기, **연료전지**와 같이 어느 한 형태의 에너지원을 유용한 일을 하기 위한 다른 형태의 에너지로 바꾸어 주는 장치들을 에너지 변환 장치라고 부른다. 예를 들어 엔진은 연료에 저장되어 있는 화학에너지를 운동에너지로 변환하여 동력을 공급하는 장치이다. 화석연료를 기반으로 한 연료는 비교적 쉽게 만들어 쓸 수 있는 에너지원이어서 값싸고 풍족한 에너지 소비를 가능하게 한 중요한 자원이 되어 왔다.

에너지는 써 버리면 없어지는 걸까? – 에너지 보존 법칙

필요한 일을 하기 위해 에너지를 사용할 때 우리는 흔히 에너지를 '소비'한다고 표현하지만, 에너지는 소비한다고 해서 사라져 버리는 것은 아니다. 에너지의 총량은 보존된 채 그 형태가 변환되어 다른 종류의 에너지가 되는 것이다. 예를 들면 커피포트의 스위치를 켤 때 전기에너지가 열에너지로 바뀌는 것처럼 말이다.

에너지가 보존되는 것이라면 왜 에너지 부족이나 에너지 절약 같은 말을 하는 걸까? 그 이유는 같은 양의 에너지라도 그 형태에 따라 가치가 다르기 때문이다. 전기가 열보다 더 쓸모 있는 고급 에너지라고 말하는데 그 이유는 단순하다. 전기는 열로 쉽게 바꿀 수 있지만, 열을 다시 전기로 바꾸는 것은 그리 간단치가 않기 때문이다. 에너지의 변환에는 방향성이 존재한다. 그래서 같은 양의 에너지라고 하더라도, 전기에너지와 열에너지를 두고 보면 전기 쪽이 훨씬 가치가 높은 에너지인 것이다.

지구 온난화

지구 온난화는 전 지구적인 평균 기온의 상승을 말한다.
지난 백 년간 전 지구 표면의 평균 온도가 섭씨 0.8도 상승했다.
이 상승 폭이 작게 여겨질지도 모르지만, 지구 온난화는
세계 곳곳의 기후를 바꾸고 허리케인이나 가뭄 같은
자연재해를 더 자주 일으키고 있다.

지구 온난화를 초래한 기후변화

여름에 찾아오는 열파가 북반구와 남반구에서 모두 더 잦아지고 있다. 가장 더웠던 열 번의 여름이 모두 지난 20년간 일어났다. 허리케인이나 태풍 같은 폭풍은 더 잦아지고 세어졌다. 세계 기온의 증가는 특히 지난 30년 동안 심하게 일어났다. 과학자들은 만약 이런 상승세가 지속된다면 기아, 질병, 멸종, 해안 침수와 같은 재난을 겪게 될 것이라고 예견한다.

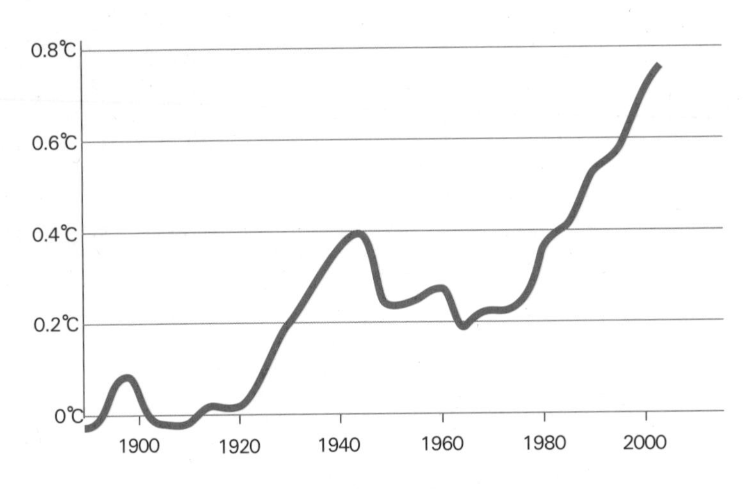

이 그래프는 1900년부터 2006년 사이 백여 년간 지구 평균 온도가 어떻게 변해 왔는지를 보여 준다.

1900년을 기준으로 한 지구 평균 온도의 변화

에스파냐 남동부는 이미 심각한 가뭄을 겪고 있다. 지구 온난화가 계속되면 지중해 연안과 사하라 남쪽 지역이 반사막 지대가 될 것이다.

지구 온도의 상승에 따라 어떤 일이 일어날까?

1도 상승	• 해수 온도의 상승은 약 80퍼센트의 산호초가 죽기 시작했다는 것을 의미한다. • 10퍼센트의 종이 서식지에 일어난 변화 때문에 사라질 수 있다. • 물 부족으로 5천만 명의 생명이 위협받을 수 있다.
2도 상승 (2050년까지 혹은 더 빨리 일어날 수 있다고 예상된다.)	• 육상 빙하가 녹아 바다로 흘러들어 20센티미터까지 해수면을 상승시킬 수 있다. • 북극곰과 순록이 멸종될 것이다. • 아프리카에서 6천만 명 이상이 말라리아에 걸릴 것이다.
3도 상승	• 종의 40퍼센트가 멸종의 위협을 당할 것이다. • 최대 40억의 인구가 물 부족으로 고통당할 것이다. • 남부 유럽이 반사막화될 것이다. • 1억 명 이상의 해안 거주자들이 홍수의 위협을 당할 것이다.
4도 상승	• 오스트레일리아 대륙은 너무 더워져 밀이나 다른 곡물이 자랄 수 없을 것이다. • 남극의 얼음층이 녹기 시작해 해수면이 더 상승할 것이다. • 아프리카의 농업 생산량이 15~30퍼센트 감소할 것이다.
5도 상승 (2100년까지 일어날 것으로 예견된다.)	• 해수면이 12미터까지 상승하여 런던, 뉴욕, 도쿄를 포함한 전 세계 대도시들의 절반이 심각한 홍수 피해를 당할 것이다. • 수십억의 인구가 해안에서 내륙의 다른 나라들로 이주할 것이다. • 중국과 인도에서 수억 명이 물 부족으로 고통당할 것이다.

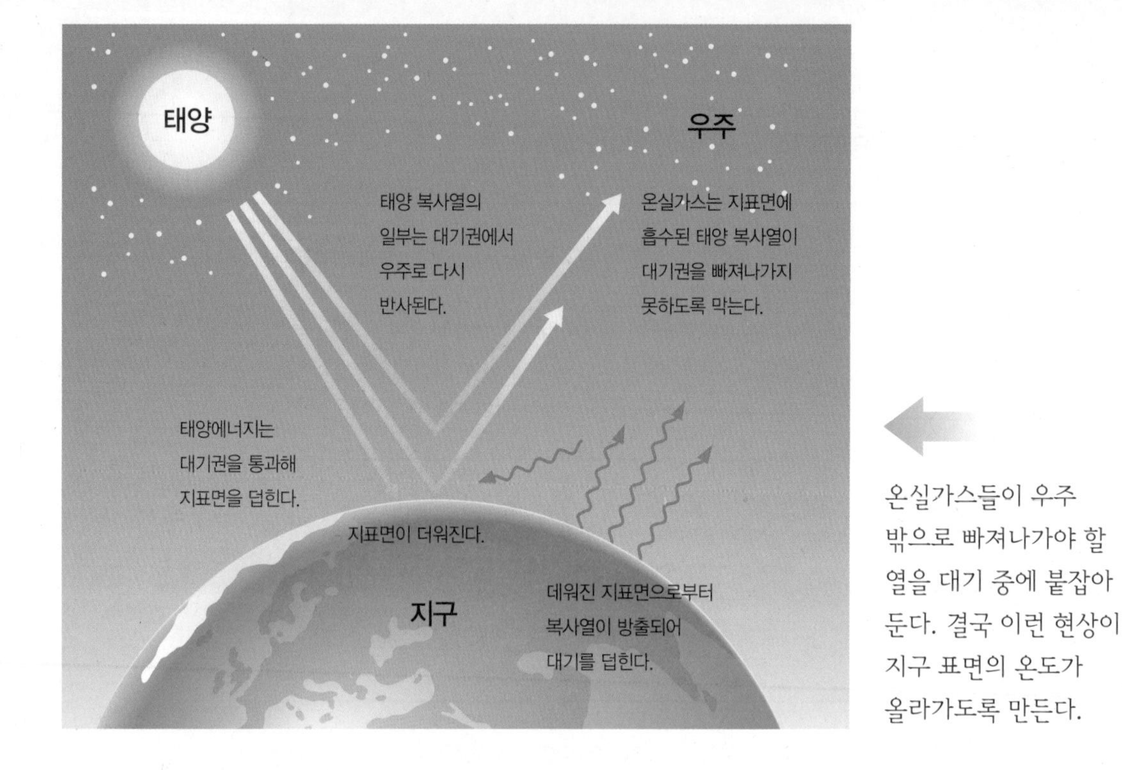

온실가스들이 우주 밖으로 빠져나가야 할 열을 대기 중에 붙잡아 둔다. 결국 이런 현상이 지구 표면의 온도가 올라가도록 만든다.

온실가스
지구 대기 중에 포함된 이산화탄소, 수증기, 메탄가스 등의 기체로 지구에서 우주로 열이 빠져나가는 것을 방해하여 지구 온난화를 일으키는 원인이 된다.

무엇이 지구 온난화를 일으키는가?

대기 속의 어떤 기체 성분들은 태양으로부터 들어온 열을 빠져나가지 못하도록 붙잡아 두어 지구 온난화를 일으킨다. 이 기체들이 마치 온실처럼 작용해서 지구 표면의 대기 온도를 높아지게 한다. 이런 기체들을 **온실가스**라고 부른다.

지구로 들어오는 에너지의 근원, 태양

태양으로부터 온 에너지는 빛과 복사열의 형태로 지구로 쏟아져 들어온다. 그중 대부분은 바다나 육지, 구름 등에서 흡수되고, 나머지는 반사되어 우주로 흩어진다. 한번 흡수되었던 열도 다시 탈출하여 대기를 통해 우주로 되돌아가기도 한다. 이런 과정을 통해서 지구가 받아들이는 에너지와 우주로 잃어버리는 열이 균형을 이루고 유지된다. 그런데 대기 중에 늘어나는 온실가스가 열을 조금 더 가두어 우주로 열이 빠져나가는 것을 방해하고, 그 결과 지구의 온도가 더 올라가도록 균형점을 바꾸어 버리고 있다. 그중 **이산화탄소**는 사람들에게 가장 잘 알려져 있는 온실가스이다.

이산화탄소(CO_2)
대기 중에 포함되어 있는 한 개의 탄소 원자와 두 개의 산소 원자로 이루어진 기체

수증기
기체 형태의 물

메탄가스(CH_4)
천연가스의 주성분이며 중요한 온실가스 중의 하나로 한 개의 탄소 원자와 네 개의 수소 원자로 구성되어 있다.

아산화질소(N_2O)
온실가스이며 두 개의 질소 원자와 한 개의 산소 원자로 이루어져 있다. 비료 사용과 같은 농업 활동으로 인해 주로 발생하는 것으로 알려져 있다.

물 순환
대기와 육지, 바다 사이의 물의 연속적인 움직임

온실가스는 어디에서 생기나?

이산화탄소, **수증기**, **메탄가스**, **아산화질소**가 대표적인 온실가스이다. 대기 중에 포함된 수증기는 **물 순환** 과정의 일부로서 필수적인 것이다. 공기 중으로 배출되는 이산화탄소는 대부분 자연계의 생성물이지만, 이제 인간은 여기에 매년 수백억 톤의 이산화탄소를 더 대기 중으로 쏟아붓고 있다. 과도한 메탄가스와 아산화질소는 대부분 근대 농업 방식의 산물로 생성된다.

대기 성분의 변화로 열평형 온도가 높아진다

에너지는 형태가 바뀌더라도 그 총량은 변하지 않는다. 이를 에너지 보존의 법칙이라고 부른다. 지구로부터 차가운 우주로

열평형
어떤 물체로 들어오는 열과 물체에서 나가는 열이 같지 않으면 물체의 온도는 변한다. 만약 내보내는 열보다 들어오는 열이 더 크다면 물체의 온도는 올라간다. 그러면 열을 더 잘 내보낼 수 있게 되고 반대로 받기는 어려워진다. 마침내 나가는 열은 늘고 들어오는 열은 줄어서 그 양이 같아지면 물체의 온도는 변하지 않게 되고, 이때 열평형이 이루어졌다고 말한다.

빠져나가는 에너지의 양이 태양으로부터 지구로 들어오는 에너지의 양과 항상 같도록 균형을 이루고 있는 조건에서라면, 그 안에서 바람이 불건, 비가 오건, 파도가 치건, 지구 시스템 안에 있는 에너지의 전체 양은 늘거나 줄지 않는다. 그렇게 되면 지구 시스템 안의 에너지는 일정하게 유지되고 평균적인 의미의 열적 평형을 이루게 된다. 그런데 태양으로부터 지구로 들어오는 에너지가 동일하게 유지되더라도 대기의 성분이 변해서 지구 복사열이 우주 밖으로 빠져나가기가 어려워지면 지구의 온도가 더 올라가야만 그만큼의 열을 지구 바깥으로 내보낼 수 있게 된다. **열평형**을 이루는 온도가 높아지는 것이다.

딱 적절한 지구 대기의 성분과 두께

수성은 금성보다 태양에 더 가깝기 때문에 훨씬 강한 햇빛을 받고 있지만, 표면 온도는 금성이 수성보다 더 높은 것으로 알려져 있다. 금성은 온실가스를 주성분으로 한 두터운 대기층을 가지고 있는데, 이 대기층이 금성 밖으로 열이 빠져나가는 것을 방해하여 수성보다 약한 햇빛을 받고 있더라도 더 높은 온도에서 열평형이 이루어지는 것이다. 반면에 수성은 대기층이 아주 얇아서 홑이불만 살짝 덮은 것처럼 해가 뜨면 무섭게 뜨거워졌다가 해가 지고 나면 차갑게 식어 버려서 섭씨 600도 정도에 이르는 일교차를 보인다. 그러고 보면 지구의 대기층은 두께와 성분이 적절해서 우리는 운 좋게도 뜨거운 태양과 차가운 우주 공간 사이에서 쾌적하게 지내기에 딱 알맞은 이불을 덮고 있는 셈이다.

자연계의 탄소순환에 문제가 생기기 시작했다

나무를 비롯한 모든 초록색 식물은 태양의 에너지를 이용해 공기 중의 이산화탄소를 흡수하고 흙에서 빨아올린 물과 결합하여 양분으로 저장한다. 탄소를 매개로 하여 태양에너지를 에너지원인 양분으로 저장하는 이 놀라운 과정을 **광합성**이라고 부른다. 생태계의 소비자들은 이 양분을 호흡이라는 과정을 통해 에너지로 바꾸어 사용한다. 모든 생물은 살아 있는 동안 호흡을 하면서 이산화탄소를 대기 중으로 배출한다. 또한 죽어서는 분해되거나 태워지면서 역시 이산화탄소를 대기 중으로 내보낸다. 이렇게 지구상의 생물들이 이산화탄소를 내뿜거나 흡수하는 과정 속에서 대기 중의 이산화탄소의 농도는 어느 정도 비슷한 양으로 유지되어 왔다. 그런데 에너지를 얻기 위해 석탄이나 석유, 천연가스 등을 태우면서 새로 내뿜기 시작한 이산화탄소가 문제가 되기 시작했다.

광합성
공기 중의 이산화탄소와 물을 이용하여 햇빛의 에너지를 양분으로 저장하는 과정을 말한다. 광합성은 주로 녹색 식물의 잎에서 일어나며 부산물로 산소를 발생시킨다.

인류의 번영과 석탄, 석유, 천연가스

지난 100년 동안 사람들은 점점 더 많은 석탄, 석유, 천연가스를 태워 왔다. 석유로 만든 연료를 태워서 에너지를 얻는 자동차나 비행기가 발명된 지가 백 년이 조금 넘었지만, 지난 사오십 년 사이에 가격도 많이 내렸고 사용 범위도 더욱 넓어졌다. 또 지난 60여 년 동안 많은 가전제품이 대량 생산되고 보급되면서 사람들의 삶의 수준을 향상시켰지만, 동시에 전기에 대한 수요를 급격히 증가시켰다. 이것은 더 많은 석탄, 석유, 천연가스가 발전소에서 태워지고 있다는 것을 의미한다.

유리는 투명한가?

유리가 투명한 이유는 우리 눈이 감지할 수 있는 영역의 빛인 가시광선이 유리를 잘 통과할 수 있기 때문이다. 그런데 숨바꼭질을 하다가 투명한 유리 뒤에 숨어도 들키지 않을 수 있을까? 가시광선과는 달리 적외선은 유리를 통과하지 못한다. 즉, 적외선 카메라로 사진을 찍으면 화려하게 장식된 백화점 쇼윈도들이 안을 들여다볼 수 없는 불투명한 벽으로 보이게 된다는 뜻이다. 그러니 만약 빛이 없는 깜깜한 밤에 적외선 카메라를 사용하는 술래와 숨바꼭질을 한다면 유리창 뒤에 숨어도 들키지 않을 것이다.

유리로 만든 온실은 추운 지역에서 열대 작물을 재배할 때 유용하다.

화석연료는 어떻게 만들어졌나?

석탄, 석유와 천연가스를 **화석연료**라고 하는 이유는 이 연료들이 화석처럼 오랜 시간에 걸쳐 땅속에서 만들어졌기 때문이다. 이 화석연료들은 공룡 시대보다도 훨씬 전인 수억 년 전에 살았던 나무들과 바다 미생물들의 유해로부터 만들어졌다. 나무들이나 바다 미생물들이 죽어서 늪이나 강바닥, 바다 밑바닥에 가라앉아 쌓이고 퇴적층으로 덮였다. 이렇게 켜켜이 쌓인 퇴적층에 묻힌 식물들은 잘게 부서지고 오랜 시간에 걸쳐 적절한 온도와 압력으로 서서히 석탄이나 천연가스로 변했다. 이와 비슷한 과정으로 바다 미생물들의 유해는 석유와 천연가스로 만들어졌다.

화석연료
석탄, 석유, 천연가스 등을 가리키는 말로 화석처럼 수십억 년 전 동물과 식물의 유해가 땅속에 묻혀 오랜 시간에 걸쳐 만들어졌다.

온실이 따뜻한 이유는?

햇빛은 다양한 파장의 전자기파로 이루어져 있는데, 가시광선 영역의 빛이 에너지를 전달하는 주 파장 영역이다. 반면 태양보다 표면 온도가 낮은 지구에서 우주 밖으로 내보내는 복사열은 적외선 영역이 주 파장대를 이룬다. 온실의 유리벽은 가시광선에는 투명하고 적외선에는 불투명하기 때문에, 들어오는 가시광선은 통과시키고 나가는 적외선은 가둔다. 그렇게 함으로써 결과적으로 유리로 둘러싸인 온실 안이 높은 온도에서 열적 균형이 형성되도록 만든다.

복사열
열이 한 물체에서 다른 물체로 전달되는 데는 크게 세 가지 방법이 있다. 전도와 대류와 복사이다. 그중 복사는 전자기파를 통한 에너지의 전달을 말한다. 전도와 대류는 열을 전달하기 위한 매개 물질이 꼭 있어야 하는 데 비해, 복사를 통한 열 전달에는 매개물이 필요 없다. 그래서 뜨거운 태양에서 지구로 또 지구에서 차가운 우주로 진공의 공간을 통과해서 일어나는 열의 전달은 복사열을 통해서 이루어진다.

화석연료의 근원은 태양에너지이다

지구 시스템 안으로 들어온 태양에너지는 결국 지구 **복사열**의 형태로 바뀌어 우주 밖으로 돌아간다. 그사이에 태양에너지는 여러 형태의 에너지로 변환되며 해류를 일으키고, 바람을 불게 하고, 비를 내리게 하고, 강을 흐르게 하고, 식물을 자라게 한다. 왔다가 떠나는 에너지 변환의 과정에서 사람들은 이 에너지를 유용한 일에 사용할 수 있는 형태로 확보하기 위해 노력해 왔다. 그래서 흔히 에너지를 '수확'한다는 표현을 쓰기도 한다. 태양광발전, 풍력발전, 수력발전, 파력발전, 바이오연료 등도 이를 위한 기술들이다. 하지만 예전에는 태양에너지를 '수확'하여 에너지원으로 '저장'하는 것은 광합성 과정을 통해서 오직 생태계의 생산자인 식물만이 할 수 있는 일이었다. 먹이사슬의 소비자들은 이 에너지원을 먹고 소화시켜 필요한 에너지를 얻었다. 화석연료는 수억 년 전에 지구로 들어온 태양에너지가 수억 년 전 대기 중에 있던 이산화탄소를 매개로 생태계의 먹이사슬을 따라 저장되었다가 땅속에 묻혀 아주 오랜 시간에 걸쳐 만들어진 에너지원이다.

석탄과 석유는 어떻게 채취되나?

석탄과 석유는 주로 깊은 땅속이나 바다 밑바닥에서 발견된다. 석탄은 지표면 가까이의 광산에서 채취되기도 하지만, 광부들이 암석층에 갱도를 뚫고 들어가 지표면으로 꺼내 오기도 한다. 오늘날 석탄은 대부분 전기를 생산하는 데 사용된다.

석유는 유정에서 파이프를 이용해 채취되어 **정유 시설**로 옮겨진다. 이곳에서 원유는 증류되어 휘발유, 등유, 디젤유 등 여러 가지 석유 제품으로 분리된다. 석유는 각종 운송 수단과 난방, 발전소를 위한 연료로 사용된다. 또한 플라스틱, 나일론, 아크릴, 폴리스티렌과 같은 일상생활에 많이 쓰이는 여러 **합성 소재**를 만드는 데 쓰이기도 한다.

정유 시설
원유를 여러 가지 석유 제품으로 분리해 내는 시설

합성 소재
플라스틱, 나일론, 아크릴 등 석유로 만든 소재

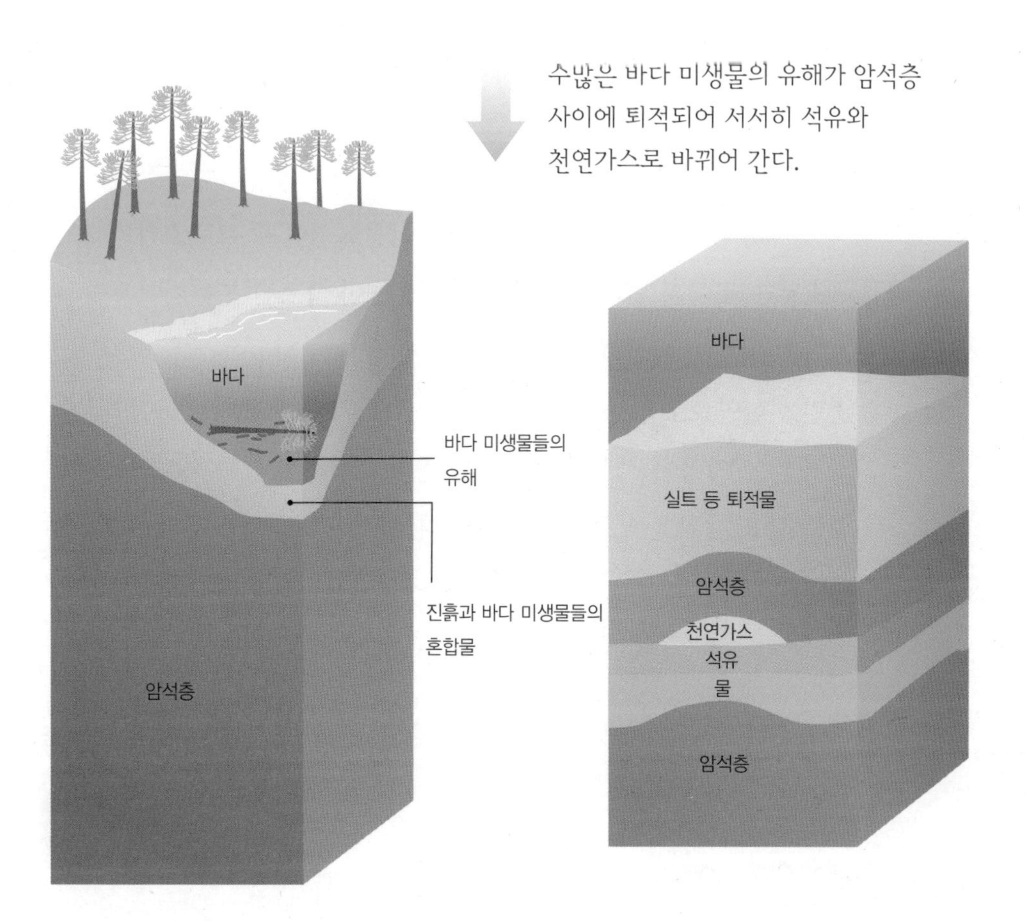

천연가스는 어떤 연료인가?

천연가스는 주로 메탄가스로 이루어져 있으며, 석탄이나 석유와 함께 암석층 사이에서 만들어진다. 처음에는 석유와 함께 천연가스가 발견되면 천연가스는 쓸모없는 것으로 생각하여 유정에서 태워 버렸다. 하지만 천연가스가 이산화탄소와 공해 물질을 더 적게 발생시킨다는 사실이 알려지면서 사람들은 석유보다 천연가스를 더 좋은 연료로 생각하기 시작했다. 천연가스는 파이프를 통해 발전소로 보내져 전기를 생산하거나, 가정과 빌딩으로 보내져 난방이나 요리를 하는 데 쓰인다.

화석연료와 탄소 저장

석탄, 석유, 천연가스는 살아 있는 생물들처럼 주로 탄소와 수소로 이루어져 있다. 일반적으로 생물들이 죽으면 분해되어 몸속의 탄소는 이산화탄소가 되어 대기 중으로 되돌아간다. 하지만 화석연료로 만들어졌을 경우에는 탄소가 대기 중으로 돌아가지 않고 땅속에 저장된다. 탄소를 많이 포함하고 있는 화석연료는 잘 타기 때문에 좋은 연료가 된다. 하지만 화석연료를 태우면 탄소가 공기 중의 산소와 결합하여 이산화탄소가 발생한다.

주목받는 에너지원, 셰일가스

셰일가스는 진흙 암석인 셰일층에 갇혀 있는 천연가스를 말한다. 채굴의 어려움 때문에 가격이 상대적으로 비싸서 주목받지 못했으나, 최근 수평 시추 기술과 수압 파쇄 기술 덕분에 경제성을 갖게 되었고 대량으로 생산되기 시작했다. 중국이 세계 최대 매장량을 가지고 있는 것으로 알려져 있으며 미국과 캐나다도 많은 셰일가스 자원을 가지고 있다. 미국은 이미 활발하게 셰일가스를 생산하고 있으며, 2000년에는 전체 천연가스 생산량의 1퍼센트가량이던 셰일가스가 2010년까지 이미 20퍼센트를 넘어섰다. 셰일가스는 최근 주목받고 있지만 지속 가능한 에너지원이 아닌 화석연료이며, 수압 파쇄 공법 같은 생산 기술과 관련된 지하수 오염, 채굴 과정에 물을 사용함으로써 생기는 수자원 고갈의 문제와 함께 대기 가운데로 메탄이 유출되는 등 문제점들이 지적되고 있다.

석탄은 석탄차에 실려 철도를
통해 발전소로 보내진다.

가스하이드레이트
천연가스와 물이 결합된 결정성 고체

가스하이드레이트는 새로운 에너지원이 될 수 있을까?

가스하이드레이트(gas hydrate)는 천연가스의 주성분인 메탄가스가 결합된 얼음 혼합물이며 주로 깊은 바다 밑에서 발견된다. 가스하이드레이트가 천연가스 공급의 방대한 새로운 자원이 될 수 있을까? 어떤 과학자들은 그럴 것이라 믿고 있다. 하지만 또 다른 과학자들은 채취 과정에서 많은 양의 메탄가스가 대기 중으로 방출될 것을 우려하고 있다. 메탄가스는 이산화탄소보다 스무 배나 더 열을 흡수하기 때문에 많은 양이 대기 속에 방출되면 지구 온난화 과정이 더 빨라질 수 있다고 생각하기 때문이다. 우리나라에서는 동해의 울릉도와 독도 인근 해역에서 대규모의 해저 가스하이드레이트가 발견되었다.

주로 깊은 바다의 밑바닥에서 발견되는 가스하이드레이트는 '불타는 얼음'이라 일컬어진다.

에너지 소비와 전력 생산, 지구 온난화

사람들은 에너지를 얻기 위해서 화석연료를 태운다. 예를 들면 거의 모든 교통수단이 석유를 태우는 방법으로 에너지를 얻고 있고, 가정에서는 천연가스를 태워 난방을 하고 요리를 한다. 화력발전소에서는 전기를 만들어 내기 위해 석탄, 석유, 혹은 천연가스를 모두 사용하고 있다. 전력을 생산하기 위해 연료를 태우면서 배출하는 이산화탄소의 양은 인류의 다른 활동으로 인한 배출량에 비해 큰 데다가 1990년 이후로 빠르게 증가하고 있다.

누구에게 전기가 필요한가?

전기에너지는 빛이나 열, 소리, 운동에너지와 같은 다른 형태의 에너지로 쉽게 바꿀 수 있고, 전력망이 갖추어져 있으면 보내고 받는 것이 비교적 쉽기 때문에, 문명화된 사회에서는 거의 모든 사람이 전기를 사용하고 있다. 가정에서는 조명을 하고 냉장고, 세탁기, 전자레인지 같은 가전제품과 컴퓨터, TV 같은 각종 전자제품을 쓰기 위해 전기를 사용한다. 학교, 병원, 사무실과 같은 큰 빌딩들도 역시 조명을 하고, 엘리베이터를 움직이고, 각종 의료 장비나 컴퓨터, 복사기, 팩시밀리 등을 사용하기 위해 전기를 필요로 한다. 우리 생활에 필요한 물건들을 만들어 내는 공장에서도 많은 양의 전기를 소비하고 있다.

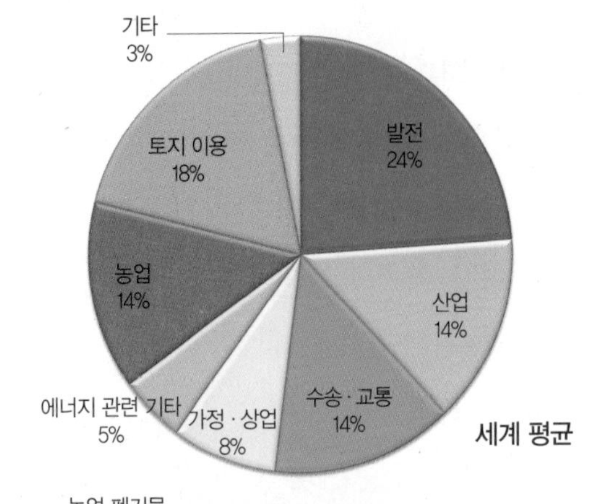

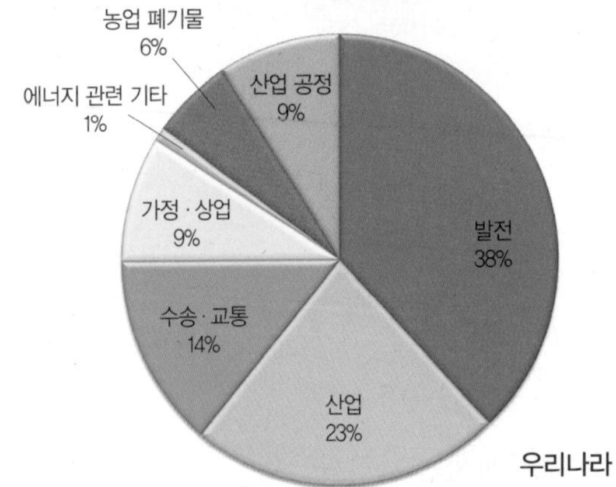

분야별 이산화탄소 배출 분포 비교

세계 평균으로 볼 때 이산화탄소 발생의 3분의 2는 교통, 발전, 난방, 산업 생산 등 에너지와 관련되어 있다. 나머지 3분의 1은 농업, 삼림 파괴, 폐기물 처리 등으로부터 발생한다. 하지만 우리나라의 경우 에너지 관련 이산화탄소 배출이 전체의 85퍼센트에 이른다.

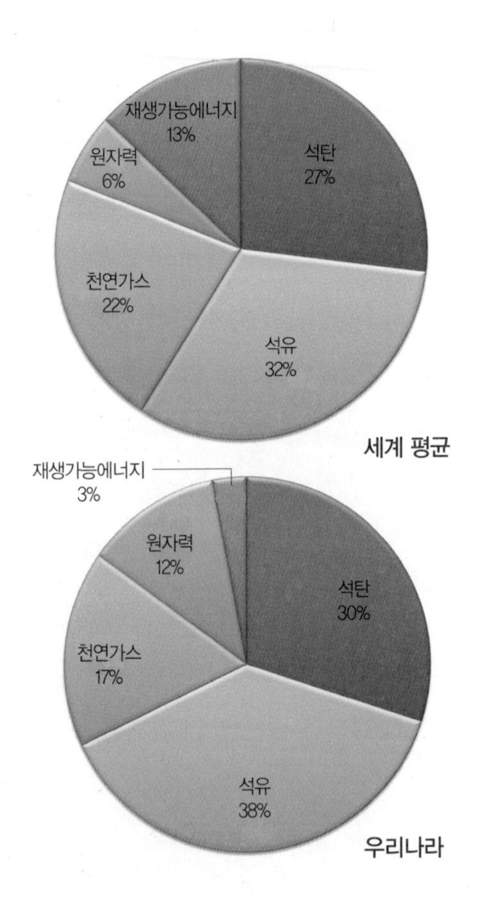

1차에너지원 분포 비교

인류의 에너지 소비는 화석연료 자원에 의존하고 있다. 불행히도 화석연료는 지표상에 골고루 분포되어 있지 않기 때문에 거주와 교통, 산업 생산에 필요한 에너지를 확보하기 위해 각 나라는 정치적, 외교적, 군사적 노력을 기울이며 경쟁하고 있다.

어떻게 전기를 만들어 공급하는가?

대부분의 발전소에서 화석연료를 태워서 전력을 생산하고 있다. 화석연료의 연소열을 이용하여 물을 증기로 만들고 **터빈**을 돌려 전기를 만든다. 각 나라마다 충분한 전력을 만들어 내기 위해 많은 양의 연료를 소비하고 있고, 따라서 많은 양의 이산화탄소를 만들어 내고 있다. 나라에 따라서는 전력을 만들어 내는 회사가 여러 개 있기도 하지만 전력 분배는 전 국토를 통해 유기적으로 조직되어 있다. 전기에너지는 송전선을 통해 필요한 곳으로 보내진다. 최근에는 더 효율적인 전력망 체계인 스마트 **그리드** 시스템 구축을 위해 많은 연구가 이루어지고 있다.

터빈
회전운동을 발생시키는 장치로 발전기와 연결하여 전력을 생산할 수 있다.

그리드(grid)
전력망. 전기를 생산하여 사용자에게 공급하는 데에 필요한 전기 설비와 이를 관리하는 체계

이 발전소에서 생산되는 전기는 전력망에 공급되고 있다.

늘어나는 전력 수요

대부분의 전력 수요는 선진국에서 일어나고 있지만, 전력에 대한 수요의 증가는 선진국에서만 일어나는 현상이 아니다. 13억 인구의 중국이 빠르게 산업화되어 가고 있다. 전 세계에서 팔리고 있는 많은 전자제품과 의류, 장난감 등은 중국에 있는 수많은 공장에서 만들어진 것이다. 필요한 전력 수요를 충당하기 위해 중국에서는 해마다 약 50개의 새로운 발전소가 건설되고 있다. 매주 하나씩 새 발전소가 생기는 셈이다. 중국은 풍부한 석탄 매장량을 가지고 있기 때문에, 이 발전소들의 대부분은 석탄을 태우는 화력발전소로 지어지고 있다. 빠르게 발전하고 있는 나라는 중국뿐만이 아니다. 인구 11억의 인도와 동남아시아의 인도네시아 같은 나라들 역시 빠르게 산업화되어 가고 있다.

스마트 그리드 시스템이란?

스마트 그리드는 전력망 위에 정보 처리와 통신 그리고 능동적 제어를 결합하여 전력 생산과 분배 과정의 효율을 높이려는 시도이다. 한 방향으로만 전력을 보낼 수 있는 고전적 개념의 전력망과는 달리 양방향 전력 송전이 가능하기 때문에 전력의 수요처가 동시에 생산처가 될 수도 있는 분산형 전력 생산 시스템을 구현할 수 있다. 스마트 그리드 시스템은 미래의 전력 생산 방식이라 믿어지는 태양광발전이나 풍력발전으로 전력 생산을 할 경우 날씨나 바람 조건에 따라 들쑥날쑥할 전력 생산량의 문제를 해결하는 데도 유리한 환경을 제공한다.

미래를 위한 전력 생산 기술

–저탄소 혹은 무탄소 미래 에너지 기술

인류가 필요로 하는 에너지를 공급하기 위해 태워지는 화석연료의 양은 지속적으로 줄여 나가야 한다. 화석연료의 양을 줄이는 일은 에너지 전 분야에 걸쳐서 필요한 일이지만, 이 책에서는 특히 전력 생산에 관련된 저탄소 혹은 무탄소 미래 에너지 기술에 관련하여 살펴보겠다.

왜 무탄소 에너지 기술이 필요한가?

식물들은 대기 중의 이산화탄소를 이용하여 태양에너지를 저장한다. 빛에너지를 저장해서 생태계의 에너지원을 스스로 만들어 내는 것은 오직 녹색 식물들만이 할 수 있는 일이기 때문에, 식물들을 생산자라고 부른다. 광합성이라고 부르는 이 과정을 통해 식물이 만든 양분은 먹이사슬을 통해 인간을 비롯한 생태계의 소비자들에게 전달되고, 소비자들은 호흡 과정을 통해 에너지를 얻고 이산화탄소를 다시 대기 중으로 돌려보낸다. 생명활동을 가능하게 하는 에너지의 흐름이 탄소를 매개로 하여 태양으로부터 생태계로 전달되며 유지되고 있는 것이다. 아주 오래전의 생물이었던 화석연료를 태워 에너지를 얻는 것은 수억 년 전에 지구에 도착했던 태양에너지를 꺼내어 쓰면서 수억 년 전의 대기에서 흡수되어 땅속에 저장되었던 이산화탄소를 현재의 대기에 쏟아 내는 일이다. 따라서 탄소가 관련되지 않은 에너지

기상천외한 해결책인가, 아니면 엉뚱한 공상인가?

한 발명가는 이산화탄소 배출을 줄이려고 애쓰는 대신 우주에 거대한 거울들을 설치하거나 성층권에 먼지 입자들을 뿌려 지구에 도달하는 태양에너지를 줄여 지구 온난화 문제를 해결하자고 주장한다. 어떤 사람들은 바다에 녹조류를 대량으로 자라게 만들어서 바다로 흡수되는 이산화탄소의 양을 늘려 보자고 제안하기도 한다. 우리가 맞닥뜨리고 있는 문제의 본질을 제대로 이해하지 못한다면 엉뚱한 제안이 기상천외한 해결책인 양 이야기될 수도 있다.

원으로부터 필요로 하는 에너지를 공급할 수 있는 기술을 개발하는 것은 지구 온난화에 대처하기 위해 꼭 필요한 일이다. 다음 장부터는 물, 바람, 태양으로부터 어떻게 전기를 만들어 내는지 살펴볼 것이다. 이러한 에너지원들은 사용한다고 해서 닳아 없어지는 것이 아니기 때문에 재생가능에너지 혹은 **재생에너지**라고 부르기도 한다. 원자력도 **무탄소 에너지**라고 정의되기도 하지만, 원자력은 해결하기 어려운 또 다른 문제들과 관련되어 있다.

재생에너지
끊임없이 원래 모습으로 회복되어 영원히 사용 가능한 에너지

무탄소 에너지
이산화탄소를 발생시키지 않거나 탄소가 결부되지 않은 에너지

화석연료의 사용을 개선해 가야 한다

어떤 사람들은 재생에너지만으로는 인류가 사용할 수 있는 충분한 에너지를 공급할 수 없기 때문에 화석연료를 사용할 수밖에 없다고 주장한다. 설사 그 말이 맞다고 하더라도, 화석연료에서 배출되는 온실가스와 대기 오염 물질들은 반드시 줄여야만 한다. 한 가지 방법은 석유와 석탄을 태우는 발전소를 천연가스를 사용하는 발전소로 대체하는 것이다. 천연가스는 동일한 양의 이산화탄소를 배출하는 동안 석탄에 비해 두 배의 에너지를 만들어 낼 수 있다. 최근에는 북아메리카와 중국을 비롯한 많은 나라에서 청정 석탄 기술에 관심을 가지고 연구하고 있다. 이는 석탄을 천연가스 비슷한 기체 연료로 만들어서 태우거나, 발생된 이산화탄소를 모아 대기 중으로 방출되지 않도록 저장하는 기술 등을 말한다.

열병합발전소
전력을 생산하는 동안 발생하는 열을 버리지 않고 인근 건물이나 주택의 난방을 위해 사용함으로써 에너지 효율이 높고 도시 지역의 분산형 지역 발전에 유리한 발전소

더 효율적인 화력발전 방식은 무엇인가?

석탄을 연료로 사용하는 일반적인 화력발전소는 연료에서 얻는 에너지의 4분의 1 정도만 사용자에게 전기에너지로 전달된다. 에너지의 60퍼센트 정도는 발전소에서 열의 형태로 없어지고 나머지는 전력망을 통해서 송전되는 동안 사라져 버린다.

열병합발전소라고 부르는 형태의 지역 발전소에서는 전기를 만들고 남아 버려지던 열을 가까운 지역의 건물들을 난방하는 데 사용한다. 대부분의 열병합발전소는 천연가스나 석탄을 연료로 사용하고 있다. 낭비를 줄이고 효율을 높이는 또 다른 방법은 한곳에서 생산한 전기를 먼 거리의 여러 수요처로 보내는 전력망에 의존하는 방식을 줄이고, 전력을 지역에서 생산하는 것이다. 재생에너지 또한 이런 방식의 지역 발전에 적합하지만, 열병합발전소도 이에 알맞다. 덴마크에서는 이미 전력의 반이 지역에서 생산되고 있고, 핀란드의 수도인 헬싱키에서는 난방 연료의 90퍼센트 이상을 열병합발전소가 공급하고 있다.

생태계의 탄소순환을 이용한 바이오연료

자동차와 같은 수송 수단의 에너지원으로 사용되는 액체 연료는 거의 모두 화석연료인 석유로부터 만들어지고 있다. 이를 재생 가능한 에너지원으로 대체하기 위해 제안되고 있는 것이 바이오연료이다. 바이오연료는 다른 재생에너지원과는 달리 생물

사진은 열병합발전소의 모습이다. 이 발전소는 버려지는 증기의 폐열을 인근 건물들을 난방하는 데 사용한다.

체와 그 부산물로부터 비교적 쉽게 액체 상태의 연료로 변환될 수 있다. 바이오연료는 에너지를 얻기 위해 여전히 생태계의 탄소순환을 이용하고 있다는 점에서 무탄소 에너지라고 말하기는 어렵다. 하지만 화석연료를 태워 에너지를 얻는 과정이 수십억 년 전에 이미 대기 중에서 생태계로 들어왔던 탄소를 현재의 대기에 풀어 놓고 있는 것이라면, 바이오연료를 태우면서 발생하는 이산화탄소는 최근의 대기로부터 저장되었던 것이므로 새로운 이산화탄소를 더하는 것은 아니라고 할 수 있다.

화석연료가 땅속에서 아주 오랜 시간에 걸쳐 만들어진 결과물인 반면, 바이오연료는 짧은 시간 안에 만들어 내는 것이다. 이를

노랑과 녹색 조류가 담겨 있는 시험 튜브들. 이 시험 튜브들은 다양한 품종의 조류로부터 추출된 지방질과 기름을 담고 있다. 사진 © 미국 NREL 자료실

위해 여러 가지 기계적 열적 생물 화학적 공정을 거치며 에너지를 사용해야 한다. 바이오연료는 주로 에탄올이나 바이오디젤을 말한다. 비교적 손쉬운 원료인 전분이나 당으로부터 만드는 기술이 먼저 개발되었는데, 이는 옥수수와 같은 곡물들로부터 얻는 것이기 때문에 식량과 연료의 경쟁이라는 비판을 받기도 했다. 지금은 먹는 부분이 아닌 옥수숫대, 볏짚 같은 농업 부산물과 나무 등 셀룰로오스 성분으로부터 연료를 추출해 내는 기술에 집중하고 있다. 최근에는 육상식물에 비해 면적당 연료 생산율을 획기적으로 높일 수 있는 조류(algae)를 이용한 바이오연료 생산 기술이 주목을 받고 있다.

바람을 이용한 전력 생산

모든 움직이는 물체는 운동에너지를 가지고 있다. 바람은 공기의 움직임이다.
그래서 바람이 가지고 있는 운동에너지는 우리가 필요한
다른 형태의 에너지로 바꾸어 쓸 수 있는 훌륭한 에너지 자원이 될 수 있다.
게다가 풍력은 재생에너지이다. 사람들은 오래전부터 바람의 힘을 이용해 왔다.
예를 들어 곡식을 빻거나 지하수를 끌어올리는 데 풍차를 사용했고 지역에
따라서는 아직도 쓰고 있다. 이제는 새로운 형태의 풍차인
풍력발전기(윈드터빈, wind turbine)가
절대로 고갈되지 않는 무탄소 에너지를 제공하고 있다.

허브
풍력발전기의 날개(블레이드)가 바퀴살처럼 연결된 중앙의 부품을 허브라고 한다.

풍력발전기는 어떻게 전기를 만들어 내나?

바람으로부터 전기를 만들어 내는 풍력발전기는 여러 모양의 것이 있지만, 가장 흔히 볼 수 있는 형태는 세 개의 긴 날개가 **허브**에 연결되어 높은 타워 위에서 회전하도록 설치된 수평축 발전기이다. 수 메가와트의 전기를 생산할 수 있는 풍력발전기는 크기도 아주 커서 날개 하나의 길이가 100미터를 훨씬 넘는 것도 있다. 회선하는 날개가 허브 안쪽에 있는 회전축을 돌리고, 발전 장치가 이 회전운동으로부터 전기를 만들어 낸다. 허브 안에 설치된 컴퓨터가 바람의 세기와 방향을 감지하여, 적절한 힘과 속도의 회전운동을 얻기 위해 날개의 방향과 각도를 조절한다. 만약 바람이 너무 강하게 불 경우에는 날개의 속도를 늦추어 장치가 손상되지 않도록 보호한다. 만들어진 전기는 대부분 송전선을 통해 다른 곳으로 보내진다.

바람을 만들어 내는 것은 무엇일까?

태양은 지구 표면의 어떤 부분을 다른 곳보다 더 뜨겁게 데운다. 이 차이 때문에 바람이 불게 된다. 뜨거워진 공기는 위로 올라간다. 그러면 빈 자리에 주변의 찬 공기가 몰려든다. 이 공기의 움직임이 바람이다. 결국 풍력에너지의 근원도 태양에너지인 셈이다. 적도 지방은 태양의 열을 가장 많이 받고 극지방은 반대로 가장 적게 받는다. 육지가 바다보다 훨씬 빨리 데워지고, 대체로 산꼭대기보다는 아래쪽이 더 따뜻하다.

보조적인 전력을 공급할 때 유용한 작은 풍력발전기

작은 크기의 풍력발전기는 가정집이나 학교 등 건물에 간편하게 설치하여 보조적인 전력을 공급할 때 유용하다. 사진 속의 풍력발전기는 미국 캘리포니아의 버클리 시에 있는 쇼어버드 파크 네이쳐 센터에 세워진 소규모 발전기로 이 센터의 '녹색교실'에 전력을 공급하고 있다. 이 풍력발전기는 가정집의 뒷마당에 설치하여 사용할 수 있도록 설계되었다. 사진 © 미국 NREL 자료실

크레인을 이용해 풍력발전기의 날개를 들어 올리는 모습

풍력발전기 날개가 길수록 발전 효율이 좋기 때문에 제한된 공간에서 최대한 많은 전력을 생산해야 하는 발전 단지에서는 큰 풍력발전기를 설치하는 것이 유리하다. 미국의 국립재생에너지연구소(NREL) 내의 국립풍력기술센터(NWTC)에 2메가와트급의 풍력발전기가 설치되는 동안 거대 크레인을 이용해 풍력발전기의 날개가 들어 올려지고 있다. 사진 © 미국 NREL 자료실

풍력발전기의 크기는 다양하다

풍력발전기의 크기는 다양해서 지붕 위에 설치할 수 있는 작은 것도 있고 바람농장이라고 불리는 풍력단지에 세워지는 거대한 것도 있다. 작은 풍력발전기들은 가정집이나 빌딩에 설치하여 분산 전력 시스템을 구축하기에 적당하며, 아주 작은 것은 겨우 전등 몇 개 켤 수 있을 정도의 전기만을 생산한다. 큰 풍력발전기들은 수 메가와트의 전기를 생산할 수 있는데, 날개가 길어질수록 발전기의 효율이 높아지기 때문에 발전기가 커질수록 좁은 지역에서 더 많은 전기를 만들어 낼 수 있다.

바람농장은 바람을 수확하여 전력을 만들어 낸다

농부들이 들판에서 곡식을 거두어들이듯이 바람으로부터 에너지를 수확한다는 의미로 풍력발전단지를 사람들은 흔히 바람농장(wind farm)이라고 부른다. 바람농장은 여러 개의 풍력발전기로 이루어져 있는데, 적게는 열 개 미만인 것부터 수백 개에 이르는 풍력발전기가 설치된 곳도 있다. 물론 풍력발전기는 바람이 불어야만 전기를 생산할 수 있기 때문에, 바람농장은 일 년 내내 강한 바람이 꾸준히 부는 곳에 건설해야 한다.

전자석
철심의 둘레에 전선을 감아 만든 자석으로, 전선에 전류를 흘리면 철심에 자력이 생긴다.

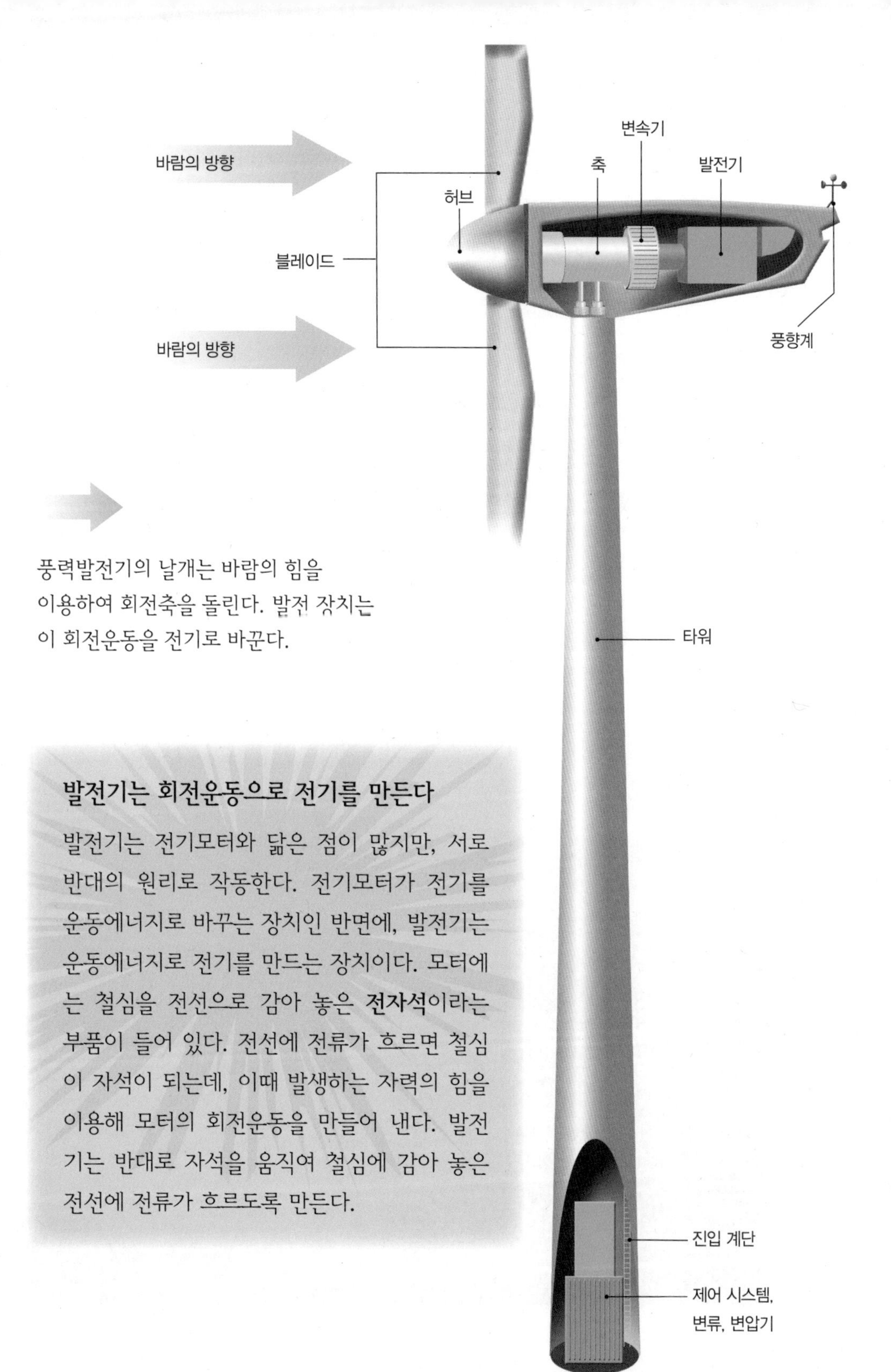

풍력발전기의 날개는 바람의 힘을 이용하여 회전축을 돌린다. 발전 장치는 이 회전운동을 전기로 바꾼다.

발전기는 회전운동으로 전기를 만든다

발전기는 전기모터와 닮은 점이 많지만, 서로 반대의 원리로 작동한다. 전기모터가 전기를 운동에너지로 바꾸는 장치인 반면에, 발전기는 운동에너지로 전기를 만드는 장치이다. 모터에는 철심을 전선으로 감아 놓은 **전자석**이라는 부품이 들어 있다. 전선에 전류가 흐르면 철심이 자석이 되는데, 이때 발생하는 자력의 힘을 이용해 모터의 회전운동을 만들어 낸다. 발전기는 반대로 자석을 움직여 철심에 감아 놓은 전선에 전류가 흐르도록 만든다.

풍력발전단지 건설에 좋은 장소는 어디일까?

보통 언덕 위나 해안가에 바람이 많은 편이다. 하지만 풍력발전에 적합한 또 다른 장소는 바다 위이다. 건설과 보수에 드는 비용은 더 많을 수 있지만 연안의 해상에는 바람이 세게 불기 때문에 더 큰 풍력발전기를 설치할 수 있다.

바람을 가리거나 간섭을 일으키지 않도록, 풍력발전기는 서로 너무 가깝지 않도록 간격을 두고 지어야 한다. 따라서 바람농장을 만들 때 넓은 공간이 필요하다. 영국의 해안가는 풍력발전에

이 바람농장은 미국 캘리포니아 주 앨터몬트 패스에 있다. 어떤 사람들은 소음이 발생할 수 있으므로 풍력단지를 주거지역 가까이에 세우는 것은 피해야 한다고 생각한다. 하지만 매연을 뿜는 화력발전소나 원자력발전소가 대신 들어서는 것보다는 낫지 않을까?

케이프윈드(Cape wind)

케이프윈드라는 회사가 미국 매사추세츠 주 낸터킷 사운드라는 곳에 해상바람농장을 건설하려 계획했다. 이 풍력단지에서는 130개의 풍력발전기가 세워져 450메가와트의 전기를 생산할 예정이다. 평균적인 바람이 부는 날이면, 코드 곶과 인근 섬들에서 필요한 전기의 4분의 3을 공급할 수 있는 양이다.

적합한 조건을 가지고 있다. 아마도 조만간 이 지역에서는 바람농장이 흔한 풍경이 될지 모르겠다.

미국과 캐나다의 대평원도 좋은 바람 자원을 가지고 있다. 미국의 텍사스 주와 미네소타 주, 아이오와 주는 벌써 여러 개의 큰 바람농장을 가지고 있다. 포르투갈, 독일, 덴마크와 같은 유럽의 많은 나라에서도 바람농장이 잘 조성되어 운영되고 있다.

우리나라에도 대관령과 제주 등지에 풍력단지가 조성되어 있다.

바다 위의 풍력발전 – 해상풍력발전

세계 풍력 산업의 성장세가 지속되는 가운데 최근에는 유럽과 미국, 중국을 중심으로 해상풍력발전의 확산을 위한 움직임이 빠르게 전개되고 있다.

풍력발전기는 우스꽝스러운가, 예술적인가?

바람농장은 주로 섬이나 외딴 지역에 세워진다. 지역 주민들 중에는 거대한 풍력발전기가 경치를 망친다고 생각하여 건설을 반대하는 사람들도 있다. 그런 사람들은 풍력발전기가 아주 우스꽝스럽게 생겼다고 말한다. 반면에 풍력발전기의 우아한 모양을 좋아하는 사람들도 있다. 그런 사람들은 풍력발전기를 근대 미술 작품처럼 여기기도 한다.

덴마크가 세계 해상풍력의 초기 시장을 주도해 온 가운데, 영국이 대규모 해상풍력발전단지를 건설해 운영하고 있다. 독일과 프랑스, 네덜란드도 정부 주도로 큰 규모의 해상바람농장을 준비하고 있다. 중국은 아시아에서 최초로 해상풍력발전단지를 건설했으며, 역시 대규모 해상풍력개발계획을 추진 중이다.

우리나라도 해상풍력 추진 로드맵을 발표하고 부안, 영광 지역을 중심으로 서남 해안에 2019년까지 2.5기가와트 규모의 해상발전단지를 조성할 계획이다. 그 외에도 부산, 제주 등 지방자치 정부들과 전력회사, 건설회사들이 활발하게 해상풍력단지 개발을 추진하고 있다.

바람 담아 두기

어제 불던 바람을 잘 담아 두었다가 오늘 다시 불게 할 수 있을까? 바람은 항상 부는 것이 아닌 데다가 너무 약하거나 너무 세게 불어도 전력을 만들어 내기가 어렵기 때문에, 풍력발전만으로 안정적인 전기 공급을 하는 것이 쉽지는 않다. 그래서 바람이 언제 얼마나 불지 잘 예측할 수 있는 기술은 효율적인 풍력발전에 많은 도움을 줄 수 있다. 게다가 바람이 에너지가 필요할 때

영국 동부에 있는 아버스 해안가 연안의 바다 위에 세워진 스크로비 샌즈라는 바람농장이다. 약 30개의 풍력발전기가 설치되어 있다. 멋진 풍경을 보러 관광객들이 마을에 몰려들곤 한다. 이 바람농장의 풍력발전기들은 해마다 7만 5,000톤가량의 이산화탄소를 절감하고 있다.

를 맞추어 불어 주는 것도 아니다. 바람은 모두 잠들어 있는 한밤 중에 세게 불기도 한다. 그래서 전력망을 효율적으로 잘 운영한다거나 만들어진 전기가 남을 때 저장해 두는 기술이 중요하게 여겨지기도 한다.

여러 가지 에너지 저장 기술이 검토되고 있지만, 최근에는 미래의 에너지 전달의 매개로 여겨지는 수소를 이용하는 방법도 활발히 연구되고 있다. 어제 불던 바람으로 풍력발전기를 돌려 전기를 만들고, 만들어진 전기로 물을 전기분해하여 수소를 모아 두었다가, 연료전지를 이용해 저장해 둔 수소를 다시 전기로 만들고, 그 전기로 선풍기를 돌리면, 어제 불던 바람이 오늘 부는 바람으로 바뀐 셈이 된다.

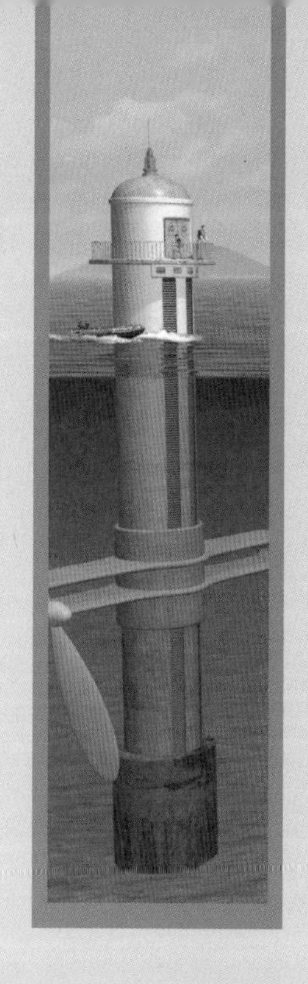

물을 이용한 전력 생산

물은 공기에 비하면 1천 배나 더 무겁기 때문에 흐르는 물의 힘은 대단하다. 수도꼭지를 틀어 물줄기에 손을 대고 흐르는 물의 힘을 한번 느껴 보자. 그리고 많은 양의 물이 아주 빠르게 흐르고 있다면 그 운동에너지가 얼마나 클지 한번 상상해 보자. 움직이는 물은 전력 생산을 위한 무탄소 재생에너지원이다. 물의 힘을 이용한 전력 생산 방법을 세 가지로 나누어 볼 수 있다. 흐르는 물의 낙차와 속도를 이용하여 전기를 만드는 수력발전, 밀물과 썰물의 움직임으로부터 전기를 만드는 조력발전, 출렁이는 파도의 움직임을 이용해 전기를 만드는 파력발전이 그것이다. 그중에 수력발전은 가장 널리 쓰이며 기술이 잘 확립되어 있는 재생에너지 생산 방식이다.

수력발전 **흐르는 물의 낙차와 속도를 이용해 전기를 얻는다**

많은 양의 물을 낙차를 이용하여 좁은 틈을 통해 흐르게 하면 큰 힘을 얻을 수 있다. 수력발전소에서는 이러한 물의 기계적 에너지를 전기로 바꾼다. 댐은 강을 가로질러 막아 지어져서 호수를 만든다. 호수의 물을 담아 지탱할 수 있도록 댐은 두꺼운 콘크리트 벽을 이용해 만들어진다. 호수 바닥으로부터 물줄기를 뽑아 댐 아래로 난 수로를 통해 발전장치까지 흘려보낸다. 이때 흐르는 물의 힘을 이용해 터빈을 돌려 전력을 생산한다.

수력발전에 적합한 장소는 산으로 둘러싸인 협곡이다

산으로 둘러싸인 협곡은 수력발전소를 짓기에 좋은 장소이다.

이 그림은 수력발전소가 어떻게 전기를 만들어 내는지 보여준다. 수력발전 방식은 매우 효율이 높아서 물이 가지고 있는 기계적 에너지의 약 90퍼센트를 전기로 변환할 수 있다.

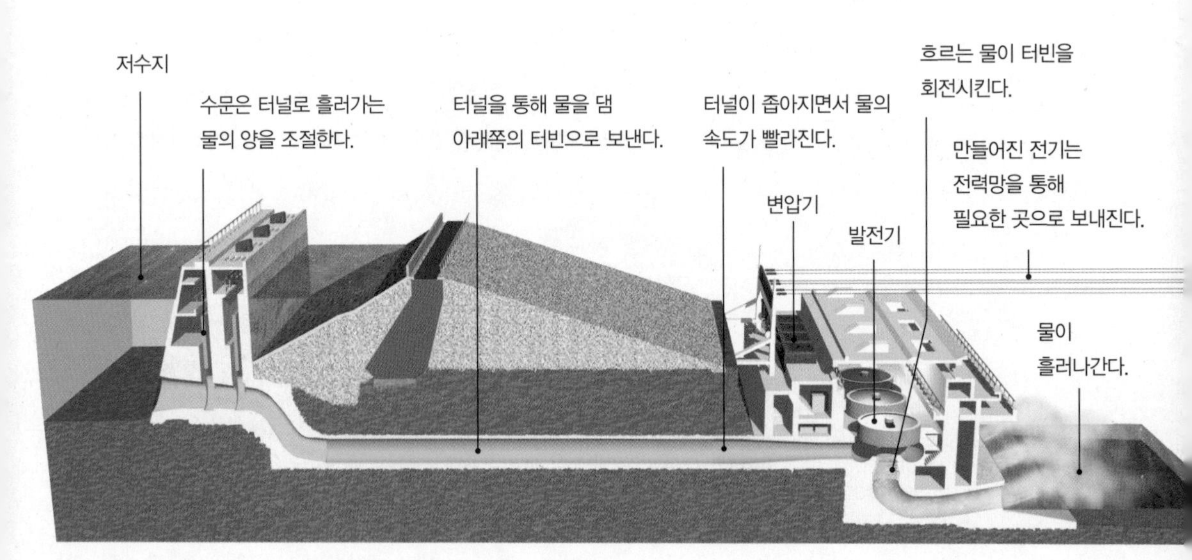

짧은 길이의 댐으로도 물길을 가로질러 막아 깊은 저수지를 만들 수 있기 때문이다. 뉴질랜드와 노르웨이는 필요한 전기의 대부분을 수력발전으로 만들어 내고 있다.

세계에서 가장 큰 수력발전소는 양쯔 강을 가로질러 지어진 중국의 싼샤댐이다. 이 엄청난 규모의 수력발전소가 지어졌을 때 중국에서 필요한 전기의 10퍼센트를 공급할 수 있을 것으로 기대되었지만, 그사이 중국의 전기 수요가 예상보다 더 빠르게 증가했기 때문에 그 목표에 미치지 못하게 되었다. 그 밖에도 산악 지형을 가지고 있는 대부분의 나라에서는 수력발전을 통해 어느정도 전기를 생산하여 사용하고 있다.

중국의 싼샤댐은 둘레가 약 650킬로미터에 이르는 호수를 담고 있는 거대한 수력발전소이다.

수력발전에는 어떤 문제가 있나?

수력발전소는 일단 지어지고 나면 더는 이산화탄소를 발생시키지 않는다. 수력발전을 위해 만들어지는 호수는 많은 물을 저장해 두기 때문에, 건기에도 말라붙지 않아 안정적으로 전기를 공급할 수 있도록 해 준다. 이런 호수는 저수지로 활용되어 필요한 사람들에게 물을 공급할 수 있는 수원이 되기도 한다. 싼샤댐 건설의 큰 이점 중 하나는 양쯔 상 하류의 빈번한 범람을 막을 수 있다는 것이다. – 지난 세기 동안 이 지역은 홍수로 인해 백만 명 이상의 사람들이 목숨을 잃었다.

수력발전의 가장 큰 단점은 호수를 만들기 위해 계곡 전체가 물에 잠기게 된다는 것이다. 이런 환경의 변화로 인근 생태계가 큰 영향을 받을 뿐 아니라 그 지역에 살던 사람들도 터전을 떠나야만 한다.

홍수를 막는 일도 항상 장점으로 볼 수만은 없다. 예를 들어 나일 강은 연중 특정한 시기에 범람하여 물과 함께 떠내려온 퇴적물이 강변의 농지를 비옥하게 만들어 왔다. 그러나 나일 강의 중류에 아스완 댐이 건설된 이후 이러한 일이 더는 일어나지 않기 때문에 이곳에 곡식을 키우기가 더 어려워졌다. 이미 지어진 수력발전소에서 전기를 만들어 내는 과정은 무탄소 발전이지만, 거대한 콘크리트 댐을 건설하기 위해서는 많은 비용이 필요할 뿐 아니라 많은 양의 이산화탄소를 발생시킨다.

조력발전 조수 간만을 이용해 전기를 얻는다

바다의 수면은 상승과 하강을 반복하며 하루 동안 두 번의 밀물과 두 번의 썰물을 만들어 낸다. 밀물과 썰물의 높이 차이는 보통 4미터 정도지만, 지역에 따라서는 이 차이가 훨씬 더 큰 경우도 있다. 조력발전소에서는 조수 간만의 차 때문에 생기는 물의 운동을 이용해서 전기를 생산한다.

조력발전에 적합한 입지 조건은 무엇일까?

조력발전소는 만이나 강의 하구를 가로질러 짓는 것이 좋은데, 밀물과 썰물에 의한 해수면 높이의 차이가 8미터 이상이 되어야 한다. 강 하구를 가로질러 지어지는 제방은 수력발전소의 댐과 같은 역할을 한다. 제방을 통과하여 흐르는 물은 커다란 호수(저수지)를 형성했다가 다시 바다로 빠져나간다. 밀물 동안에

프랑스의 랑스 조력발전소이다. 이 발전소는 지어질 당시에 혁신적이었지만, 이런 방식의 조력발전에는 아직까지도 비용이 많이 든다.

는 흘러들어오는 물을 이용하여 터빈을 회전시켜 발전한다. 썰물 때에는 제방 안쪽에 가두어 두었던 물을 터빈을 통과시켜 방류함으로써 또다시 전력을 생산한다.

최초의 조력발전소는 1960년대에 프랑스 랑스 강 하구에 지어졌는데, 지금도 여전히 세계의 조력발전을 이끄는 발전소이다. 그 발전소보다 작은 조력발전소가 캐나다의 펀디 만에 지어졌는데, 이곳의 조수 간만의 해수면 높이 차이는 16미터에 이른다. 그 밖에 러시아와 중국에서도 조력발전 프로젝트들이 진행되고 있다.

시화호 조력발전

우리나라의 남서해안은 비교적 큰 조수 간만의 차와 복잡한 해안선으로 인해 조력발전에 유리한 자원을 가지고 있다. 국내 최초의 조력발전소가 8년에 걸친 공사 끝에 경기도 안산의 시화호 작은 가리섬에 기존의 시화방조제를 이용하여 약 250메가와트 규모로 건설되었다. 시화 조력발전소는 연간 5억 5,200만 킬로와트시(kWh)의 전력을 생산한다. 이는 남양주시나 김해시 같은 인구 50만 명 규모의 도시에서 사용할 수 있는 양이다.

조력발전은 개펄과 해안 생태계를 위협할 수 있다

조력발전의 가장 큰 장점은 무탄소 에너지를 생산한다는 것이지만, 콘크리트나 토사를 이용하여 제방을 건설하는 동안에는 많은 비용이 필요할 뿐 아니라 많은 양의 이산화탄소가 발생하게 된다. 계절 간에 또 하루 중에도 조수 간만의 상태에 따라 전력 공급 능력이 변하는 것이 단점이기는 하지만 그 변화가 예측 가능하다는 측면에서는 공급을 안정화할 수 있는 전략을 세우는 데 용이할 수도 있다.

건설된 제방은 강 하구를 가로지르는 다리의 역할을 하기도

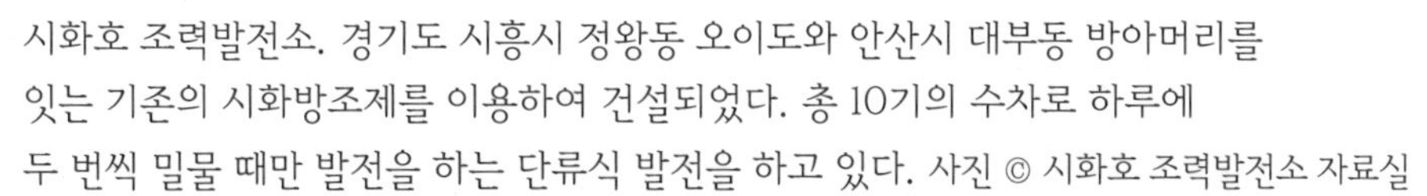

시화호 조력발전소. 경기도 시흥시 정왕동 오이도와 안산시 대부동 방아머리를 잇는 기존의 시화방조제를 이용하여 건설되었다. 총 10기의 수차로 하루에 두 번씩 밀물 때만 발전을 하는 단류식 발전을 하고 있다. 사진 © 시화호 조력발전소 자료실

이 그림은 조류발전단지의 상상도이다. 조류발전단지는 육상 풍력발전단지나 제방 방식의 조력발전소에 비해 장점을 가진 전력 생산 방법이다.

여러 기의 조류발전기로 이루어진 조류발전단지

미래 조력발전 방식 중 하나는 여러 기의 조류발전기로 이루어진 조류발전단지이다. 밀물과 썰물에 의해 빠른 조류가 형성되는 지역의 바닷속에 조류발전 터빈들을 설치하는 것이다. 풍력발전단지의 풍력발전기가 공기 중에서 바람을 이용해 전기를 만들어 내는 것과 같은 방식으로 조류발전기는 물속에서 조류의 흐름으로부터 전력을 생산한다.
대부분의 설비가 바닷속에 잠겨 있기 때문에 경관을 해칠 가능성이 적고, 환경에 미치는 영향이 비교적 적으며, 밀물과 썰물은 규칙적이기 때문에 예측 가능한 전력 생산을 할 수 있다는 장점이 있다.

하지만, 조수의 흐름을 느리게 하여 해수면 높낮이 변화의 차이를 줄이게 된다. 이는 썰물 시에 수면 밖으로 드러나던 개펄과 해안 늪지대가 훨씬 더 오랜 시간 동안 물속에 잠겨 있게 된다는 것을 의미한다. 환경보호자들은 조수를 가두기 위한 제방을 건설하는 것에 대해 반대하기도 하는데, 이는 제방 건설이 강 하구에 서식하는 새들을 비롯한 야생 동식물의 서식지를 위협한다고 믿기 때문이다.

파력발전 **너울의 출렁임으로부터 전기를 얻는다**

파도의 움직임은 무탄소의 재생에너지원이다. 파도가 밀려와 해변에서 부서지는 모습으로부터 잠재된 바다의 에너지와 힘을

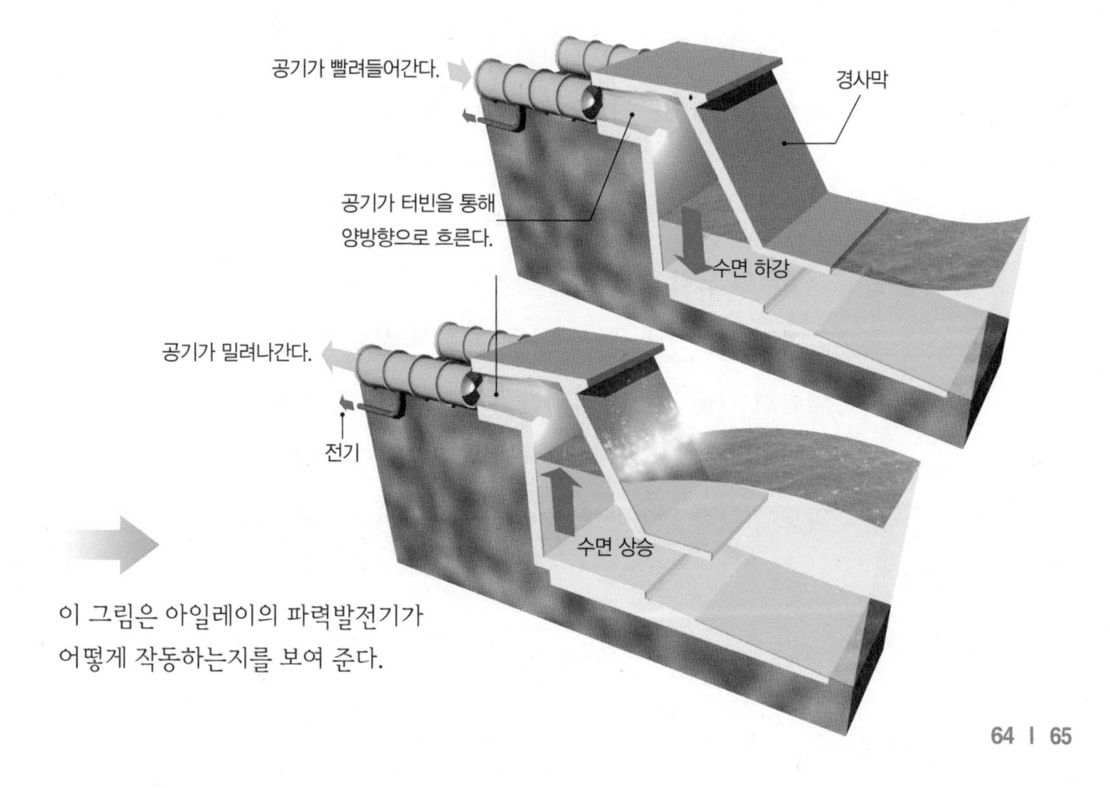

이 그림은 아일레이의 파력발전기가 어떻게 작동하는지를 보여 준다.

아일레이 파력발전소

최초의 실용적인 파력발전기는 스코틀랜드 아일레이 섬의 해변에 설치되었다. 파도가 밀려들어 오면 발전기 안의 공기가 밖으로 밀려나간다. 반대로 파도가 빠져나갈 때에는 발전기 안으로 공기가 빨려들어 온다. 이 공기의 움직임을 이용해 터빈을 돌려 전기를 만들어 낸다. 아일레이의 이 발전기는 인근 마을에서 필요한 충분한 전기를 생산하고 있지만 전력의 공급량이 날씨와 조수 간만에 따라 변한다.

쉽게 볼 수 있지만, 이 파도의 움직임을 값싸고 안정적인 전력으로 바꾸어 거두어들이는 것은 그리 쉬운 일은 아니다. 파도의 크기는 잔물결부터 12미터가 넘는 거대한 것까지 다양하다. 파력발전장치는 이러한 연속적인 타격을 견뎌 낼 수 있을 만큼 강하게 만들어져야 한다. 여러 가지 파력발전 방식들이 시도되어 왔고, 또 새로운 아이디어들이 개발되고 있다.

샐터의 오리

영국의 스티븐 샐터 교수는 계속 발전해 가고 있는 초기의 파력발전 기술 가운데 하나를 고안해 냈다. 흔히 '오리(duck)'라고 알려져 있는 물방울처럼 생긴 곡면을 가진 부표가 수면 위에서 파도에 따라 위아래로 움직이며 끄덕거리는데, 이 운동을 이용하여 매우 효율적으로 전기를 생산한다. 안타깝게도 1980년대에 이 프로젝트가 중단되었는데, 유럽연합 보고서가 이 기술로 생산되는 전기의 가격을 실제 가능한 것보다 열 배나 더 높게 예측했을 때였다. 2000년대에 들어서면서 그 예측이 잘못되었다는 것이 확인되었고, 사람들은 다시 '샐터의 오리'의 가능성을 주목하고 있다.

해양의 너울이 가진 에너지를 이용한 펠라미스 프로젝트

'바다뱀'이라는 뜻의 펠라미스(Pelamis)는 파력 에너지 전환 장치로 해양의 너울이 가지고 있는 에너지를 이용해 전기를 만들어 낸다. 펠라미스는 여러 개의 마디로 이루어져 있는데, 이 마디

이 그림은 펠라미스 파력에너지 전환 장치의 상상도이다. 펠라미스라는 이름은 '바다 뱀'이라는 뜻을 가지고 있다.

들은 반쯤은 물에 잠기고 반쯤은 물 밖으로 드러나서 파도를 타고 넘실거린다. 마디들은 경첩으로 관절처럼 연결되어 있고, 이 경첩의 움직임으로 터빈을 돌려서 전기를 만들어 낸다. 이 전기는 펠라미스의 뱃머리에서 바다 밑바닥으로 이어져 해안까지 연결된 송전선을 통해 육지로 전달된다. 여러 개의 펠라미스 발전기를 해안에서 5~20킬로미터 정도 떨어진 연안 바다에 정박시켜 파력발전단지인 파도농장을 만들 수 있다. 상업적 용도로 만들어진 최초의 펠라미스는 2006년에 포르투갈 연안에 설치되었다.

파력발전의 장점과 단점은 무엇인가?

파력발전은 세계의 많은 지역에서 무탄소 에너지의 기회를 제공한다. 예를 들어 영국의 경우에는 필요한 전력의 4분의 1 정도를 파력으로 충당할 수 있을 것으로 예측된다. 하지만 연안의 파력발전기들은 선박의 항해에 장애물이 될 수도 있다. 또한 폭풍을 견딜 만큼 튼튼하게 만들려면 파력발전기가 지나치게 비싸질 거라고 생각하는 사람들도 많다.

태양을 이용한 전력 생산

우리가 일 년간 필요로 하는 에너지의 몇 배가 되는 양이
태양으로부터 매일매일 지구로 쏟아져 들어오고 있다.
태양은 가장 큰 재생에너지원이다. 물의 순환을 만들어 강을 흐르게 하고,
대기의 흐름인 바람을 만들고, 해류를 흐르게 하고, 바이오연료의 원료인
식물들을 자라게 하는 태양은 이 모든 에너지의 근원이다. 심지어
화석연료인 석유나 석탄에서 나오는 에너지의 근원도 따져 보면
태양으로부터 온 것이다. 태양의 복사에너지로부터 에너지를 직접 수확하는 방식은
크게 보면 열을 이용하는 태양열발전과 빛을 이용하는 태양광발전이 대표적이고,
그 밖에 촉매반응이나 미생물 등을 이용하여 수소나 태양 연료와 같은
에너지 저장 매체를 만들어 내는 방식이 있다.

태양열발전 **햇볕의 열을 이용해 전기를 얻는다**

흔히 지붕 위에 설치하여 사용하던 태양집열판은 가정에 난방과 온수를 공급하기 위해 유용하게 쓰였지만, 태양열발전소에서는 넓은 면적으로 들어온 태양열을 여러 개의 거울을 이용해 한 곳으로 모아 집중된 에너지로 전기를 만들어 낸다.

두 가지의 다른 방식이 주로 사용되고 있는데, 중앙 타워형 집열발전의 경우에는 많은 수의 커다란 거울들이 태양의 움직임을 따라 각도를 조절하며 솔라타워라는 높은 탑 위에 설치된 집열기에 태양열을 반사시켜 모은다. 이때 집열기의 온도는 섭씨 600도에 이르게 된다. 이 열을 열교환기를 이용해 전달하여 물을 끓이고 증기를 발생시켜 터빈을 돌린다. 이런 방식의 발전소

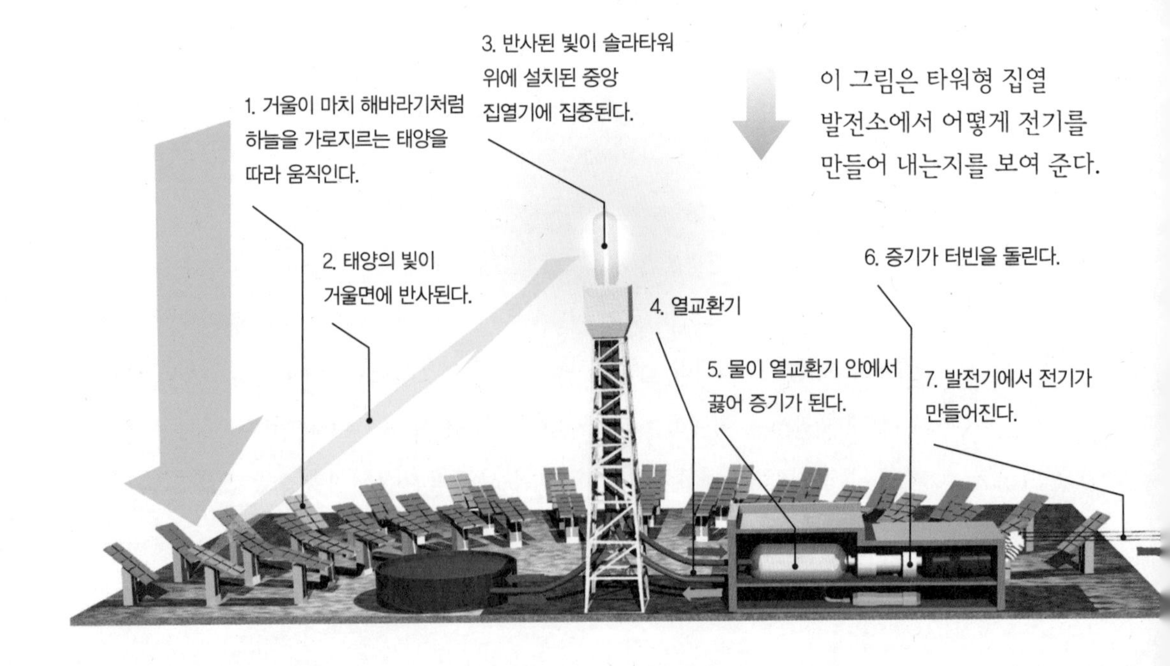

이 그림은 타워형 집열 발전소에서 어떻게 전기를 만들어 내는지를 보여 준다.

미국 캘리포니아 주 바스토우에 있는 태양열발전소이다.
솔라타워 위에 설치된 집열기에 태양열을 집중시켜 발전에
필요한 밀도가 높은 에너지를 얻는다.

에스파냐의 후엔테스 데 안달루시아에 있는 20메가와트 규모의 게마솔라
태양열발전소. 중앙의 솔라타워 주변에 태양의 위치와 고도에 따라 각도를
조절하는 거울인 헬리오스탯이 설치되어 있다. 이 태양열발전소는 용융염을
이용한 축열시스템을 도입한 첫 번째 중앙 타워형 집열발전소이다.
사진 © 미국 NREL 자료실

용융염
염은 산의 음이온과 염기의 양이온이 결합하여 만들어지는 이온 결합 화합물이다. 소금 같은 물질이 이에 속한다. 어떤 종류의 염은 일상 온도에서는 고체의 상태로 있다가 열을 가하여 온도를 올려 주면 액체가 되는데 이를 용융염이라고 부른다. 용융염은 여러 가지 용도로 쓰이는데, 특히 태양열발전소에서 열의 형태로 에너지를 저장하는 매체로 유용하게 사용되고 있다.

에는 낮에 발전을 하고 남는 열을 저장해 두었다가 해가 지고 난 밤에도 발전할 수 있도록 **용융염**을 이용한 축열로가 함께 설치된다.

또 다른 방식인 연결형 집열발전에서는 포물선의 곡면을 가진 오목한 큰 거울들이 한 줄로 길게 연결되어 있고 거울면으로 들어온 빛이 반사되어 모이는 초점을 따라 오일이 흐르고 있는 파이프가 역시 길게 따라 지나간다. 뜨거워진 오일은 파이프를 통해 발전기로 보내져 증기터빈을 돌리게 된다.

연결형 집열발전소에는 어두워진 후에도 전기를 계속 생산하기 위해 천연가스를 이용하는 화력발전소가 함께 지어지기도 한다.

태양열발전에 적합한 지역은 어떤 곳인가?

태양열발전은 넓은 면적으로 들어온 태양에너지를 한곳으로 집중시켜 얻은 높은 온도를 이용해 증기를 발생시키고 터빈을 돌려 발전을 하는 방식이다. 따라서 북아프리카나 중동처럼 적도를 중심으로 남쪽이나 북쪽에 가까이 위치한 뜨거운 사막 지역이 최적의 장소가 될 수 있다. 이들 지역은 다른 어느 곳보다 훨씬 강렬한 태양열을 받고 있을 뿐 아니라, 넓은 면적을 확보할 수 있어서 태양열발전에 필요한 충분한 공간을 쉽게 제공할 수 있다.

연결형 집열 발전(포물선 곡면의 오목거울)
반사율을 증가시켜 발전 효율을 높이고 날씨와 기온 변화 등에 따른 표면 손상을 방지하여 발전 설비의 수명을 늘리기 위해 포물면 거울의 표면은 특수 재질의 보호막으로 싸여 있다. 사진 © 미국 NREL 자료실

연결형 집열발전(선형 반사체 거울)
미국 캘리포니아 베이커스필드 태양열발전소의 연결형 집열발전에서는 포물면 거울 대신 선형 반사체 기술을 적용했다. 사진 © 미국 NREL 자료실

담수
민물을 말한다. 바닷물 속에 녹아 있는 염분을 제거하면 농업이나 제조업 또는 일상생활에 쓸 수 있는 물로 만들 수 있다.

미국 캘리포니아 주의 모하비 사막에 있는 태양열발전소에서는 오래전부터 큰 규모로 전력을 생산해 오고 있다. 미국의 네바다 주, 오스트레일리아, 그리고 에스파냐 남부 지역 등에 더 많은 태양열발전소가 지어지고 있다.

태양열발전의 장점과 단점은 무엇인가?

태양열발전의 단점은 당연하지만 밤에는 발전을 할 햇볕이 없다는 것이다. 이 때문에 태양열발전소는 천연가스 화력발전소와 함께 지어지거나 잉여의 열을 저장해 둘 수 있는 축열시스템을 가지고 있다. 폐열은 바닷물을 **담수**로 만드는 데 사용하기도 하는데, 물이 필요한 사막 지역에서 특히 유용하게 쓰일 수 있다.

태양열 집열판을 설치하기 위해 넓은 면적의 땅이 필요하다는 것이 단점으로 이야기되기도 한다. 하지만 어차피 사막 지역에서는 설치 면적이 별 문제가 되지 않는 데다가, 오히려 담수화로 얻은 농업용수와 태양열 집열판 때문에 생기는 그늘을 유용하게 사용하여 사막에서 작물을 재배할 수도 있다.

태양광발전 **햇빛을 바로 전기로 바꾼다**

발전 터빈을 돌릴 수 있는 고온의 증기를 만들어 내기 위해 넓은 면적으로 들어온 햇볕을 한곳으로 모아야 하는 집열식 태양열 발전과 달리, 태양광발전은 **태양전지**를 이용하여 햇빛을 바로 전기로 바꾼다. 태양광발전은 우주 공간에서 인공위성이나 우주정거장 등에 에너지를 공급하기 위해 이미 오랫동안 사용되었고, 대규모 전력 생산을 위한 태양광발전소 또는 개별적 발전을 하는 주택이나 빌딩에서 활발히 사용되고 있다. 태양광발전은 가까운 미래에 더 일반화된 전력 생산 방식이 될 것으로 기대되고 있다.

태양전지는 어떻게 전기를 만들어 내나?

1839년에 프랑스의 물리학자 알렉상드르 에드몽 베크렐은 전기분해 실험을 하다가, 전해질 속에 담긴 전극에 빛을 쬐었을 때 작은 전류가 흐르는 것을 알아채고 태양전지의 기본 원리인 광전기력 현상(photovoltaic effect)을 발견했다.

물질의 기본 단위인 원자는 양의 **전하**를 띤 원자핵과 음의 전하를 가진 **전자**로 이루어져 있지만, 양전하와 음전하가 같은 양으로 함께 존재하기 때문에 전기적인 중성을 이루고 있다. 물을 높은 곳에 올려놓으면 낮은 곳에 있을 때보다 더 많은 에너지를 가지게 되어 낙차를 이용해 다시 아래쪽으로 흘려보내면서 수차를 돌린다면 필요한 에너지로 바꾸어 낼 수 있다. 이처럼 물질 속

태양전지
햇빛의 에너지로 전력을 만들어 내는 장치

전하
물체가 띠고 있는 정전기의 양을 말한다.

전자
원자를 구성하는 입자 중의 하나이다. 원자 질량의 대부분을 차지하는 양성자와 중성자와 달리, 매우 가벼우며 음의 전하를 띠고 있다.

에 함께 있는 양전하와 음전하를 멀리 떼어 놓으면 에너지가 높아져서 그 차이에 해당하는 에너지를 나중에 필요할 때 사용할 수 있다.

태양전지는 태양의 빛을 흡수하여 그 에너지로 양전하와 음전하를 분리하고 그 결과 전류를 흘릴 수 있는 기전력을 만들어 내는 장치이다.

반도체 태양전지의 작동 원리

첫 번째 단계 : 광흡수

원자 속의 전자들은 여러 겹의 전자껍질 속에 불연속적인 에너지를 가지고 존재한다. 그런데 여러 개의 원자가 모여 물질을 이루게 되면 원자 속의 전자껍질들이 서로 간섭하고 변형을 일으킨다. 이때 전자가 존재하는 껍질들이 겹치거나 에너지 간격이 좁혀져 폭을 가진 연속적인 값을 갖게 되는 것처럼 보이는데, 이 폭을 가진 **에너지 준위**를 에너지띠라고 한다.

에너지 준위
원자의 핵에 묶여 있는 전자는 불연속적인 에너지 값을 가지는 전자껍질에 존재하게 된다. 이 불연속적인 에너지 값들을 에너지 준위라고 한다.

가전자띠라고 부르는 에너지띠의 전자들은 여전히 각 원자핵에 묶여 있지만, 그보다 높은 에너지를 갖는 전도띠의 자유전자들은 개별 원자핵에서 풀려나서 다른 원자의 핵 쪽으로 자유롭게 움직여 갈 수 있다. 금속 같은 도체는 전도띠와 가전자띠가 서로 겹치거나 그 에너지 차이가 아주 작다. 그래서 온도를 올리거나 빛을 비추어 에너지를 더 공급하지 않더라도 가전자띠의 전자가 쉽게 전도띠로 옮겨 가 물질 안에서 자유롭게 움직이며 전하를 운반할 수 있는 자유전자가 풍부하고 그래서 전도도가 크다. 반면에 부도체는 전도띠와 가전자띠의 에너지 차이가 너무 커서 가전자띠에 있는 전자를 전도띠로 옮겨 놓는 것이 아주 어렵다.

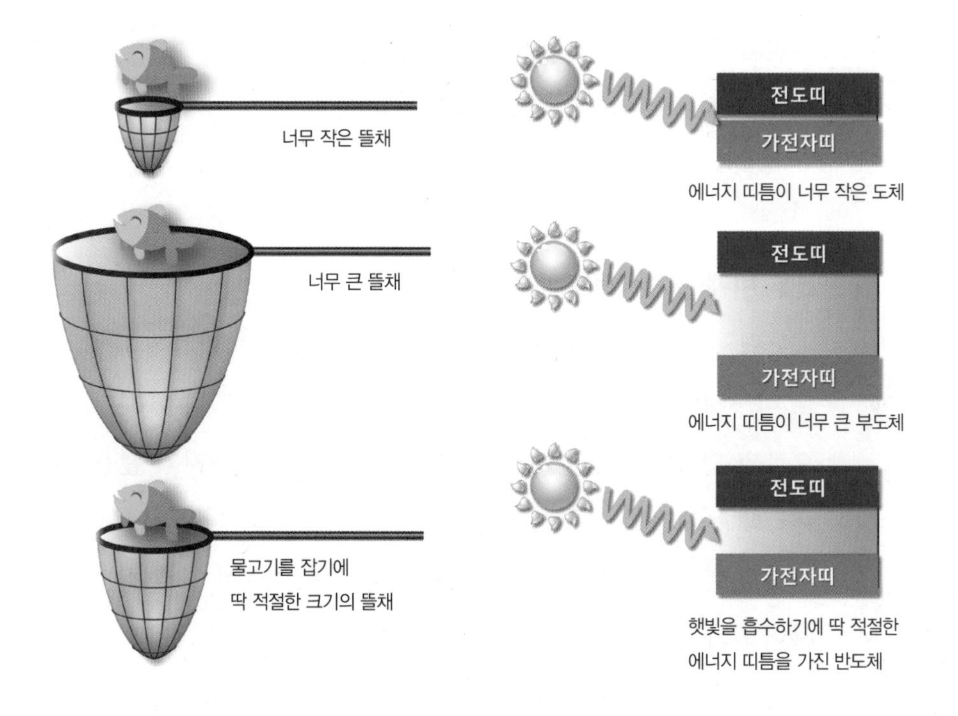

물고기를 잡으려면 적절한 크기의 뜰채와 그물이 필요하듯이, 햇빛의 주 파장 에너지를 흡수하여 저장하려면 적절한 크기의 띠틈을 가진 물질이 필요하다.

홀(정공)
전자가 음의 전기를 가지고 있기 때문에 전자가 빠져나간 자리는 상대적으로 양의 전기를 띠게 된다. 이 빈 자리를 양의 전기를 운반할 수 있는 입자로 생각하면 물질에서 일어나는 전기 현상을 설명하기가 편리해진다. 그래서 이를 홀 혹은 정공이라고 이름 붙였다.

그런데 반도체라고 부르는 실리콘 같은 물질은 전도띠와 가전자띠의 에너지 간격이 부도체처럼 너무 크지도, 도체처럼 너무 작지도 않고 적절해서 햇빛의 파장에 해당하는 에너지를 잘 흡수할 수 있다. 그러므로 반도체 물질은 태양의 빛에너지를 흡수하여 가전자띠의 전자를 에너지가 높은 전도띠로 올려놓을 수 있다. 이때 가전자띠에서 음의 전하인 전자가 빠져나간 빈 자리인 **홀(정공)**은 상대적으로 양의 전하를 띠게 된다. 이렇게 반도체 물질은 물질의 격자로 들어온 빛에너지를 흡수하여 저장하는 과정을 통해 전자-홀 쌍을 생성한다.

두 번째 단계 : 전하 분리

어렵사리 흡수한 태양의 빛에너지를 쓸모 있는 전기에너지로 바꾸려면, 아직 중요한 과정이 남아 있다. 바로 빛을 흡수함으로써 만들어진 전자와 홀을 떼어 놓는 일이다. 전자와 홀을 분리해 두지 않으면 결국 다시 합쳐지면서 모처럼 저장했던 에너지를 다시 빛으로 돌려보내거나 아니면 쓸모없이 열로 소모하게 된다.

전자와 홀을 떼어 놓을 수 있는 방법 중의 하나가 전기장을 이용하는 것인데, 전기적으로 반대의 극성을 가진 전자와 홀은 전기장을 걸어 주면 반대 방향으로 움직이기 때문이다. 전기장을 만들려면 보통 에너지를 소모해야 하기 때문에 손해를 많이 보지 않으면서 전자와 홀을 떼어 놓아야 하는데 이 과정이 쉽지 않다. 많은 **전자소자**에 쓰이고 있는 반도체의 특성을 이용하면 이 반대의 극성을 가진 전하운반체들을 분리할 수 있다.

반도체가 전기를 더 잘 통하도록 만들려면 격자 안에서 전하를 운반할 수 있는 자유전자나 홀이 많아지도록 해야 하는데, 열이나 빛을 가하는 방법도 있겠지만 불순물을 섞어서 전기전도도를 증가시킬 수 있다.

전자소자
고체 내에서 전자의 움직임을 이용하여 어떤 기능을 하도록 만들어진 장치를 통틀어 전자소자라고 한다.

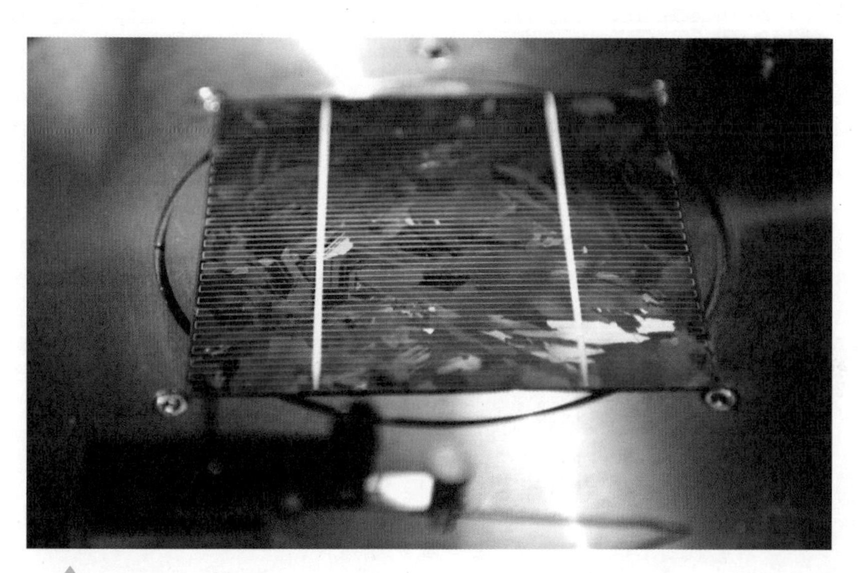

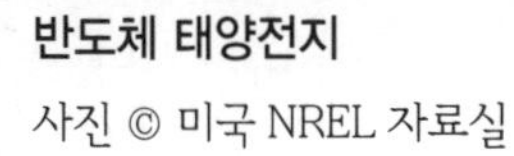

반도체 태양전지
사진 © 미국 NREL 자료실

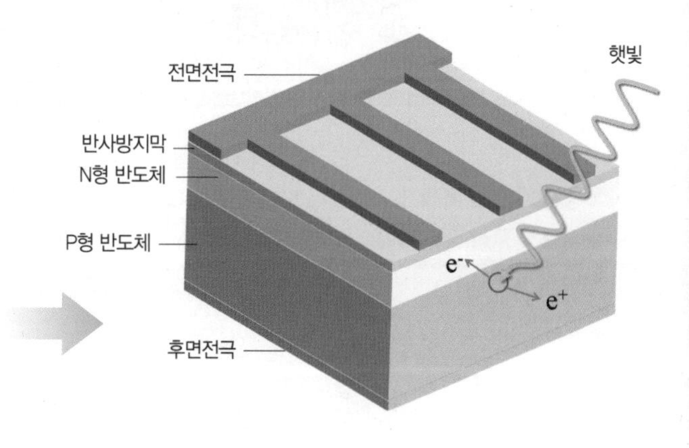

반도체 태양전지의 구조
햇빛을 흡수하여 생성된 전자와 홀이 P형과 N형 반도체의 접합면에 만들어지는 전기장 덕분에 분리되어 전자는 N형 쪽으로, 홀은 P형 쪽으로 분리되어 모인다.

섞어 주는 불순물의 종류에 따라 홀을 전하운반체로 가지는 P형 반도체가 만들어지기도 하고, 전자를 전하운반체로 가지는 N형 반도체가 만들어질 수도 있다. 그런데 다른 종류의 전하운반체를 가지고 있는 이 두 반도체를 서로 붙여 놓으면 마치 물 위에 떨어뜨린 물감 방울이 퍼져 나가듯이 P형 반도체에 풍부한 홀은 N형 반도체 쪽으로, N형 반도체에 풍부한 전자는 P형 반도체 쪽으로 확산되어 접합면 가까이 N형 쪽에서 P형 방향으로 전기장이 만들어진다.

햇빛이 반도체에 흡수되면 전자 - 홀 쌍이 생성되고, PN접합면에 확산 현상 덕에 거저 만들어진 붙박이 전기장 때문에 양전하의 홀은 P형 반도체로 모이고 음전하의 전자는 N형 반도체로 모여 분리된다. 이렇게 하여 태양의 빛에너지를 전기에너지로 변환하는 반도체 태양전지의 작동이 완성된다.

효율은 높게 가격은 낮게

태양전지로 입사되는 햇빛을 전부 전기에너지로 바꿀 수 있는 것은 아니다. 햇빛의 일부는 애초에 반사되어 나가거나, 또 흡수되었다가도 다시 빛으로 되돌아가고, 일부는 열이 되기도 한다.

반도체 물질의 격자 구조가 가지런히 잘 정렬되어 있으면 손실을 줄이는 데 유리하기 때문에 **결정질** 실리콘으로 만들어진 태양전지는 효율이 높은 편이다. 이 때문에 좁은 면적에서 많은

결정질
고체 내의 물질 격자가 규칙성을 가지고 가지런히 정렬된 물질

태양전지 유리창호. 투명해서 채광이 가능하고 색깔과 문양을 구현할 수 있는 염료감응태양전지로 만들어진 유리창호이다.

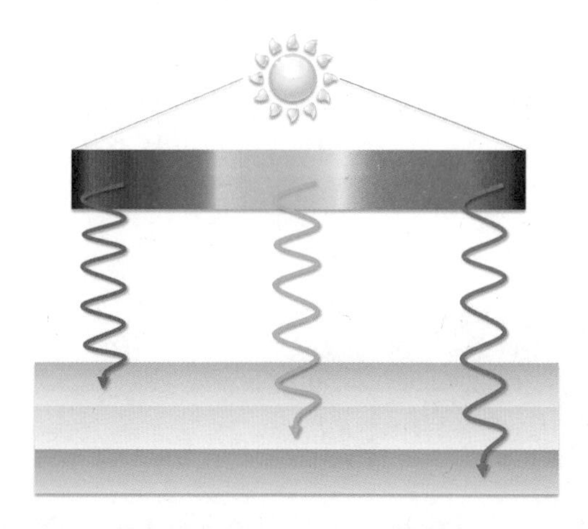

다중접합 태양전지 – 햇빛의 에너지를 파장별로 최대한 흡수할 수 있도록 고안되었다.
햇빛은 다양한 파장의 빛으로 이루어져 있다. 어떤 물질은 푸른색 계열 빛의 에너지를 잘 흡수할 수 있는 반면 또 다른 물질은 붉은 계열의 빛을 더 잘 흡수할 수 있다. 다중접합 태양전지는 여러 종류의 반도체 화합물을 층으로 쌓아 올려 입사되는 햇빛의 에너지를 파장별로 최대한 흡수할 수 있도록 고안된 태양전지이다. 가격은 비싸지만 지금까지 보고된 태양전지의 최고 효율은 다중접합 태양전지에서 기록된 것이다.

비정질
고체의 성분 조성은 일정하지만 원자나 분자의 배열에 주기적인 규칙성이 결여된 물질

전력을 생산해야 하는 대규모 태양광발전소에서는 비교적 높은 가격에도 불구하고 결정질 태양전지를 주로 사용하고 있다. 반면에 **비정질**의 실리콘을 아주 얇은 막의 형태로 만든 실리콘 박막태양전지는 비록 효율에서는 손해를 보더라도 훨씬 적은 양의 재료를 사용하면서 저렴한 방법으로 만들 수 있기 때문에 가격 측면에서 강점을 가질 수 있다. 얇기 때문에 가볍고 또 휘어지기도 하는 박막태양전지는 실리콘 이외에도 여러 원소가 섞인 화합물 반도체를 이용하여 만들기도 한다.

경남 통영 연대도의 태양광발전 시설
태양광발전은 전력의 수요처 가까이에 소규모로 건설하여 지역 분산형 발전을 하기에 적합하다. 경남 통영의 연대도에는 2007년부터 지속 가능한 발전 모델로 '에코아일랜드' 프로젝트가 진행 중이며 150킬로와트의 태양광발전 시설이 설치되어 있다. 사진 ⓒ 푸른통영 21

태양의 빛을 흡수하여 만들어지는 전자와 홀을 분리하는 과정에 반도체의 PN접합을 이용하지 않는 태양전지도 있다. 염료감응태양전지는 식물의 잎에서 일어나는 광합성의 일부 과정을 응용하고 있다. 얇은 반도체산화물 전극에 흡착된 염료에 햇빛이 흡수되면 전자 – 홀 쌍이 생성되는데 홀은 산화환원 반응을 통해서 염료 분자와 닿아 있는 전해질로 흡수되고 전자는 산화물 전극의 전도띠로 전달되어 전하 분리가 일어난다.

전라남도 신안의 동양태양광발전소
동양태양광발전소는 태양의 위치에 따라 모듈 방향이 바뀌어 발전효율을 극대화하는 추적식이다. 24메가와트급의 거대 단지에 세워진 13만 장의 태양광모듈에서 약 1만 가구에 전력을 공급할 수 있는 전력이 생산되고 있다.
아래 사진 © 동양건설산업

염료감응태양전지는 염료에 따라 다양한 색깔의 구현이 가능하고 투명하게 만들어지기 때문에 도시의 건물 벽과 유리창에 설치하여 건물의 발전시스템으로 구현하기에 유리하다. 또 가격이 상대적으로 저렴해서 수명과 효율을 향상시킬 수 있다면 미래의 중요한 태양광발전 기술이 될 것으로 기대된다.

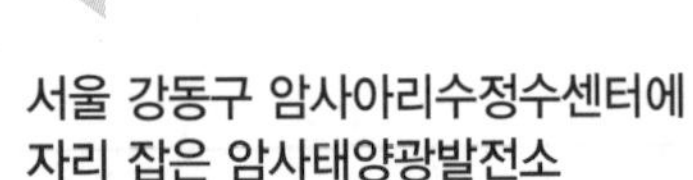

서울 강동구 암사아리수정수센터에 자리 잡은 암사태양광발전소

암사태양광발전소는 정수장 침전지, 여과지 등 유휴 공간인 정수 시설 위에 태양광 모듈을 설치했기 때문에 따로 공간을 마련할 필요가 없었다. 이 발전소는 서울시의 '원전 하나 줄이기' 정책으로 설립되었다.

지역 분산 발전

지역 분산 발전 시스템은 전력의 수요처가 동시에 공급처가 됨으로써 전력망의 효율을 높일 수 있고 지역의 발전 방식 선택이나 공급 계획에 주민의 의견과 이해가 반영될 수 있다는 장점을 가진다. 소규모 혹은 중규모의 태양광 발전은 섬이나 산간 같은 외진 지역의 전력 공급뿐 아니라 전력의 수요가 많은 도시의 분산 발전에도 유리하다. 하지만 이 경우 인구가 밀집한 지역에 태양전지판을 설치할 수 있는 부지를 확보하는 것이 관건인데, 학교나 관공서의 옥상 또는 주차장의 지붕 등을 활용하려는 노력이 있어 왔다.

경상북도 구미의 하수종말처리장에 설치된 태양광발전소
경상북도 구미의 하수종말처리장에는 2012년에 1메가와트급의 태양광발전소가 건설되었다. 기존 공공 시설 공간 활용의 효율을 높여 재생에너지 발전 설비 부지를 확보한 좋은 예이다. 사진 ⓒ STX 솔라

지역별 태양광 설비 용량 (단위 : 메가와트)
2013년 9월 기준

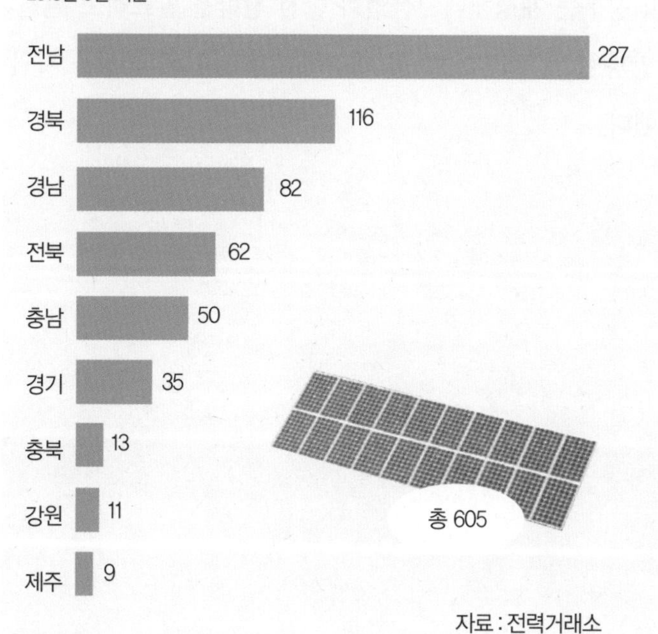

자료 : 전력거래소

비교적 개발 초기 단계인 유기폴리머 태양전지는 다른 특성을 가진 두 종류의 폴리머를 섞어서 만든다.

정책과 지원

재생에너지 기술이 저렴한 화석연료 기반의 에너지에 대하여 경쟁력 있게 발전하려면 정부의 역할이 중요하다. 하지만 되도록 부작용을 최소화하고 공공과 미래 세대에게 이익이 될 수 있도록 신중한 정책이 실행되어야 한다.

독일을 중심으로 한 유럽 국가들과 미국, 일본 등 선진국들은 앞선 기술과 정책 지원으로 태양광발전 분야를 이끌고 있다. 중국 역시 자국 내수 시장의 규모를 바탕으로 태양전지 분야의 중요한 공급자로 빠르게 성장했다.

우리 정부는 재생에너지산업화 발전 전략을 발표하고 원천 기술 개발과 소재 장비 개발 등 태양광발전 분야의 육성을 지원하기로 했다.

원자력을 이용한 전력 생산

물질의 가장 작은 단위인 원자 속에는 엄청난 양의 에너지가 갇혀 있다. 핵분열이 일어나 원자가 쪼개질 때에는 그중 일부의 에너지를 내보내게 된다. 인류가 이 핵에너지를 처음 사용한 것은 제어되지 않은 폭발의 방식이었다. 바로 제2차 세계대전이 끝나갈 무렵 일본의 히로시마와 나가사키를 파괴한 두 개의 원자폭탄이다. 전쟁이 끝난 후 이 기술은 제어된 에너지 방출이 가능하도록 응용되어 발생하는 열을 이용해 터빈을 돌려 전력을 만들어 낼 수 있게 되었다. 이제 원자력발전은 전 세계에서 사용되는 전력의 15퍼센트를 생산하고 있지만, 일본 후쿠시마 원전 사고의 경우처럼 여전히 심각한 우려와 함께 찬반의 논쟁 속에 있다.

양성자
양의 전기를 가진 원자의 구성 입자이며 중성자와 함께 원자의 핵을 이루고 있다.

중성자
원자를 구성하는 입자 중 하나로 전하를 띠지 않으며 양성자와 함께 원자의 핵을 이룬다.

우라늄
방사성 물질로 핵분열을 이용한 원자력발전에 필요한 핵연료의 원료이다.

원자는 더 작은 입자들로 구성되어 있다

모든 물질은 원자로 이루어져 있고, 원자는 또 더 작은 복잡한 입자들로 구성되어 있다. 전자와 **양성자** 그리고 **중성자**이다. 가장 가벼운 원소인 수소를 제외하고는 보통 여러 개의 양성자와 중성자가 함께 원자의 대부분의 질량을 차지하는 원자핵을 형성하고, 마치 태양을 중심으로 주변에 행성들의 궤도가 있는 것처럼 전자는 원자핵의 주위로 여러 겹의 불연속적 에너지를 갖는 전자껍질에 존재한다.

원자핵 속에 입자들을 가까이 묶어 두려면 엄청난 힘이 필요한데, 핵반응이 일어나서 원자의 핵이 쪼개질 때 핵력이라고 부르는 이 힘이 풀려난다. 원자력발전에는 **우라늄**이라고 불리는 원소가 사용된다. 우라늄의 원자핵은 다른 원소의 원자에 비해 불안정해서 핵분열을 일으키기가 쉽기 때문이다.

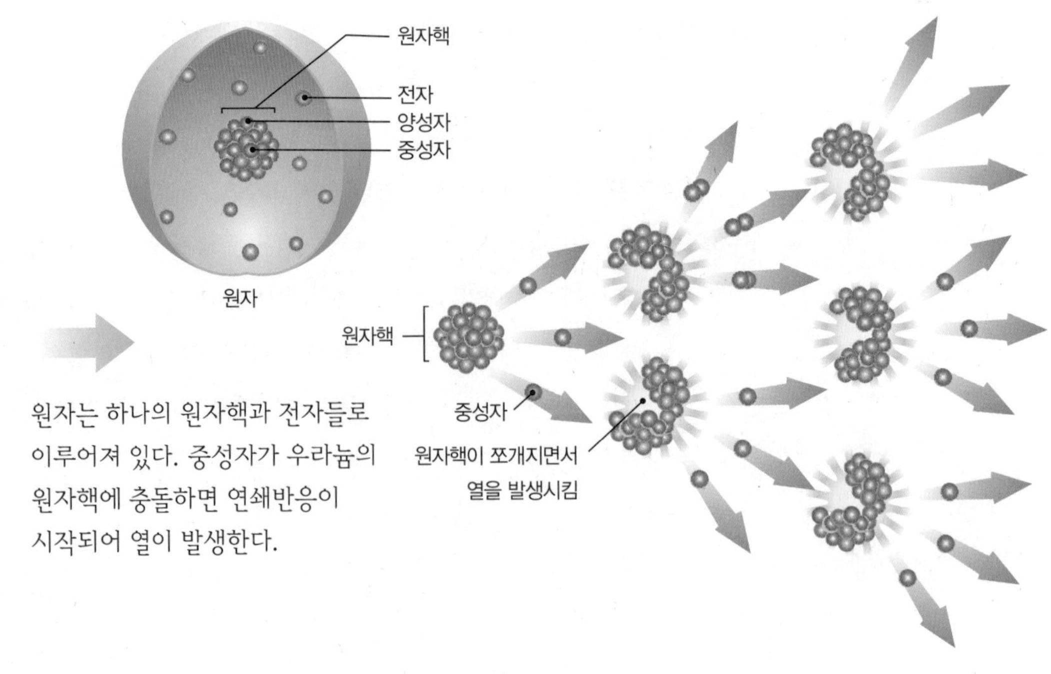

원자는 하나의 원자핵과 전자들로 이루어져 있다. 중성자가 우라늄의 원자핵에 충돌하면 연쇄반응이 시작되어 열이 발생한다.

우라늄은 어떤 물질인가?

우라늄은 암석에서 추출되는, 비중이 큰 금속이다. 우라늄은 바닷물, 흙뿐아니라 모든 암석에 포함되어 있지만, 그 양이 너무 적어서 대부분 추출해 낼 만한 경제적 가치가 없다. 핵 산업에 우라늄을 공급하고 있는 주요 우라늄 광산은 캐나다, 오스트레일리아, 카자흐스탄, 러시아, 나미비아, 그리고 니제르에 있다. 이런 주요 광산들에서조차 우라늄은 아주 옅게 분포되어 있기 때문에, 아주 적은 양의 우라늄을 얻기 위해 엄청난 양의 암석을 처리해야만 한다. 이 과정에서 많은 폐기물과 이산화탄소가 발생한다.

우라늄 가운데는 **동위원소**라고 부르는, 양성자 수는 같지만

동위원소
원자는 중성자와 양성자 그리고 전자로 이루어져 있는데 양성자와 전자의 개수는 언제나 서로 같아서 전기적 중성을 이룬다. 원소는 전자 구조가 같으면 유사한 화학적 성질을 가지게 되는데, 중성자의 개수가 다르더라도 양성자의 개수(즉, 중성 원자 상태일 경우 전자의 개수)가 같으면 같은 원소 이름을 쓰고 동위원소라고 부른다.

이 사진은 오스트레일리아의 카카두에 있는 우라늄 광산이다. 우라늄 광산은 환경을 파괴하고 그 안에서 일하는 사람들의 건강을 위협할 수 있다.

핵분열
우라늄과 같은 핵연료 물질의 원자가 더 작은 원자들로 쪼개지며 에너지를 발생시키는 핵반응

방사성 물질
원자의 핵이 붕괴하면서 작은 입자나 에너지로 이루어진 방사선을 내보내는 물질

질량이 다른 여러 원소가 있는데 그중 하나가 특히 더 불안정하다. 이 우라늄의 원자에 중성자가 충돌하면 원자핵이 두 개로 쪼개지면서 열과 여분의 중성자들이 방출된다. 이 과정을 **핵분열**이라고 부른다. 이때 방출된 중성자들은 또 다른 원자에 충돌을 일으키고, 연쇄반응이 시작되어 짧은 시간 안에 엄청난 양의 열을 내보내게 된다.

농축된 우라늄은 강한 방사선을 방출한다

우라늄은 **방사성 물질**이다. 이는 우라늄의 핵이 천천히 감쇄하면서 에너지를 (혹은 방사선을) 방출하고 있다는 것을 의미한다. 방사능 활동은 지구 맨틀을 구성하는 보통 암석들 속에서도 자연적으로 일어나는데 지구 내부의 온도를 높게 유지하는 열의 근원이 되기도 한다. 농축된 우라늄으로부터 방출되는 방사선은 훨씬 강하다. 강한 방사선은 사람의 건강을 해칠 수 있다. 많은 양의 방사선에 노출되면 다양한 종류의 암이 발생할 수 있다고 알려져 있다.

핵분열을 이용한 전력 생산에 대해 찬반이 엇갈리고 있다

원자력발전소에서는 터빈을 돌려 발전을 하기 위해 물을 끓여 증기를 발생시키는데 이 증기는 핵분열 과정에서 나오는 열을

이용한다. 과학자들과 정치인들 사이에서도 어떤 이들은 원자력발전에 호의적인 반면, 또 다른 이들은 원자력발전을 반대하고 있다. 이 논쟁의 쟁점은 무엇일까?

원자로
핵분열 반응이 제어된 상태로 유지되게 하면서 열을 발생시켜 에너지를 얻는 장치

원자력발전에 찬성하는 사람들의 논점은 무엇인가?

원자력발전을 지지하는 사람들은 흔히 재생에너지로는 우리가 필요로 하는 전기를 모두 공급하기에 충분하지 않으며, 화석

원자로는 원자력발전소의 핵심 설비이다. 이곳에서 엄청난 열이 발생하기 때문에 점점 뜨거워져서 녹아 버리지 않도록 많은 양의 물을 사용하여 식혀 주어야 한다.

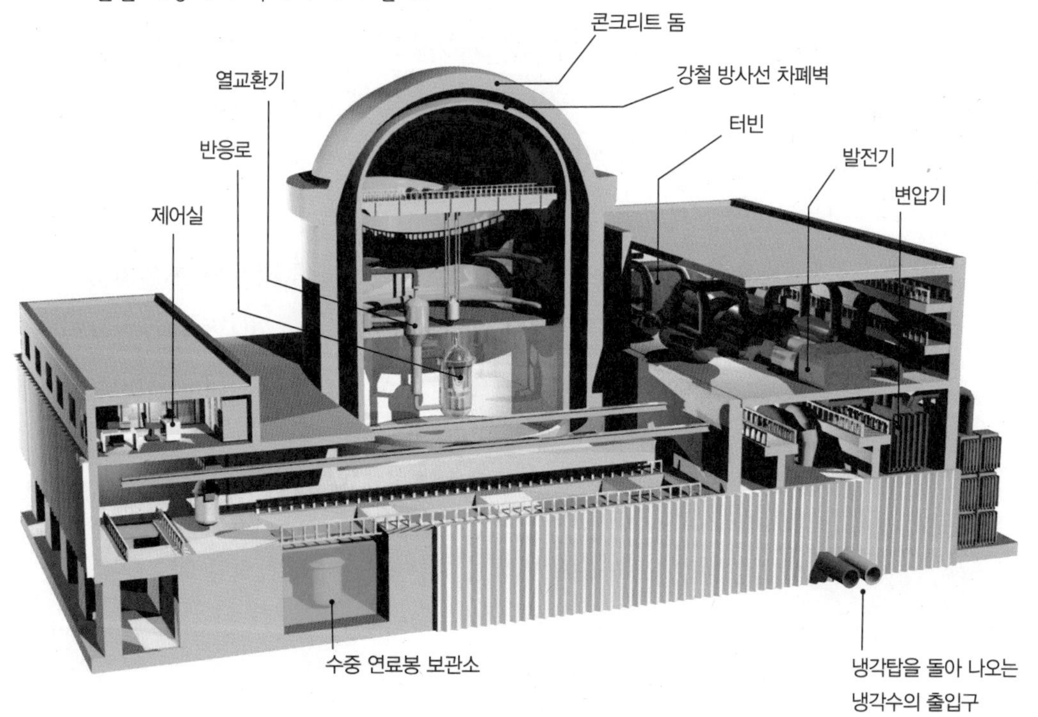

연료를 사용하는 발전소를 대체하기 위해서는 더 많은 원자력발전소를 건설해야 한다고 말한다. 이들은 핵반응이 열을 발생시키기 위해 이산화탄소를 만들어 내지 않기 때문에 원자력발전이 지구 온난화의 완화에 도움이 된다고 주장한다. 또 아주 적은 양의 우라늄만으로 원자로를 가동하기 때문에, 안정적이고 지속적인 전력 생산을 위한 충분한 양의 우라늄이 공급될 수 있다고 이야기한다.

원자력발전에는 돌이킬 수 없는 위험이 도사리고 있다

원자력에 반대하는 주된 쟁점은 방사능이다. 발전 과정에서 생겨나는 폐기물들은 수천 년 동안 방사능을 가지게 되며, 안전하게 폐기하는 것이 어렵다. 방사성 폐기물들은 많은 경우 발전소로부터 다른 처리 장소로 수송되곤 하는데, 그 과정에 방사능 누출 사고의 위험이 도사리고 있다. 벌써 여러 번의 사고가 원자력발전소 내에서 있었고, 대기 중으로 누출된 방사능이 사람들의 건강을 위협했다.

핵분열이라는 과정이 이산화탄소를 만들어 내지 않고 원자력발전이 무탄소 에너지 생산 방식이라고 하지만, 이산화탄소로부터 완전히 벗어날 수는 없다. 우라늄을 광산에서 캐낼 때와 반응로 안에서 사용될 연료봉으로 만들어 내는 과정에서 많은 이산화탄소가 발생하기 때문이다. 만약 원자력발전 산업이 더 팽창하게 된다면, 우라늄에 대한 수요는 늘어나고 가격은 더 비싸질 것이다.

공급이 점점 모자라게 될수록 석유 때문에 일어났던 일들처럼 안정적인 공급 확보를 위한 국제 분쟁과 전쟁이 일어나게 될지도 모른다.

이 사람은 방사능 폐기물 처리장 건설에 반대하는 시위에 참여하고 있다.

미래 세대가 처리해야 할 핵폐기물

핵폐기물들은 폐기 후에도 수천 년 동안 방사능을 지닌 채 남아 있게 된다. 당장 필요한 에너지를 충당하기 위해 미래 세대가 처리해야만 하는 위험한 폐기물을 만들어 낼 권리가 과연 우리에게 있을까?

원자력발전은 무척 비싼 전력 생산 방식이다

원자력발전은 원자로 건설 비용과 폐기물 처리 비용, 폐로 후 관리 비용을 포함하면 무척 비싼 전력 생산 방식 중의 하나이다. 그래서 많은 나라에서 현재의 발전소들은 이러한 비용 지불을 위해 정부의 지원에 의지하고 있다. 원자력에 반대하는 사람들은 그 돈을 에너지의 효율을 높이는 기술과 재생에너지 기술에 투자하는 것이 훨씬 낫다고 주장한다.

우리나라는 원자력 의존도가 높은 편이다

원자력에 대한 의존도가 가장 높은 나라는 프랑스로 75퍼센트에 이르는 전력을 원자력으로부터 얻고 있다. 우리나라 역시 원자력발전에 대한 의존도가 높은 편이어서, 전체 발전량의 25~35퍼센트 정도를 원자력을 이용해 만들고 있다. 1978년 고리 1호기에서 발전을 시작한 이래 고리, 영광, 월성, 울진에 20여 기의 원자력발전소를 운영해 왔다. 2014년 3월 현재 신월성 1·2호기, 신고리 3·4호기, 신한울 1·2호기가 건설되고 있으며 신고리 5·6호기, 신한울 3·4호기가 건설 계획 중이다.

정부는 원자력발전소를 34기까지 늘려 원자력 발전량의 비중을 높일 계획이었지만, 노후화에 따른 운전 안정성 문제 등 원자력발전에 대한 사회적 우려가 높아지고 있다.

국내 원자력발전소의 지리적 분포

전력을 생산하는 동안 원자로에서 발생하는 열을 식히기 위해 많은 물이 필요하기 때문에 원자력발전소는 대개 해안가에 지어진다.

건설 중인 신고리 원자력발전소 사진 ⓒ 한국수력원자력 홍보실

이웃 나라의 원자력발전

충분한 에너지가 공급되지 않으면 개개인의 삶의 질이나 산업의 생산성을 유지하는 것이 쉽지 않다. 이 때문에 쉽게 해결할 수 없는 여러가지 우려에도 불구하고 에너지 소비가 많은 선진국을 중심으로 많은 나라가 여전히 원자력에 의존하고 있다.

그런 가운데 독일은 2011년 5월에 원자력발전을 포기하겠다고 선언하고, 운영 중이던 17기의 발전소 중 8기를 폐쇄했다. 나머지 원자력발전소들도 2022년까지 완전히 문을 닫을 계획이다. 독일은 비교적 이른 시기에 원자력발전을 시작하여 최근까지 25퍼센트가량의 전력을 원자력으로부터 생산했는데, 근래에 들어서는 태양광발전을 비롯한 재생에너지 기술에 많은 투자를 해 왔다. 에너지 가격의 상승과 경제에 미칠 수 있는 악영향에 대한 걱정의 목소리가 없는 것은 아니지만, 원자력발전 포기 선언은 자국 내의 재생에너지 산업 발전에 큰 힘이 되고 있다.

일본 후쿠시마 원전 사고의 경우처럼 방사능이 누출되는 사고가 생길 경우 여러 경로를 통해 주변으로 수송될 수 있기 때문에 가까운 나라의 원자력발전 상황은 사람들에게 관심의 대상이 되기도 한다. 우리나라의 인접국인 일본은 50기가 넘는 원자력발전소를 운영하고 있고, 무서운 속도로 에너지 수요가 늘고 있는 중국의 경우에는 아직은 우리나라보다 적은 양의 원자력발전을 해 왔지만 현재 건설 중이거나 계획된 원자력발전소가 70여 기에 이르며 검토 중인 것만도 100기가 넘는다.

태양에서 에너지가 만들어지는 반응을 재연하는 '핵융합'

훨씬 적은 양의 방사능과 이산화탄소를 발생시키면서도 원자 안에 갇혀 있는 에너지를 거두어들일 수 있는 방법이 있다. 바로 핵융합이다. 핵융합은 태양에서 에너지가 만들어지는 반응을 재연하는 것이다. 수십 년 동안 과학자들은 이 반응에 필요한 태양 온도의 열 배에 해당하는 높은 온도를 만들어 내기 위해 노력해 왔다.

태양은 지구 생태계 에너지의 근원인데 그 놀라운 에너지는 태양 중심부의 수소 원자들 사이에서 일어나는 핵융합 반응에 의해 생산되고 있다.

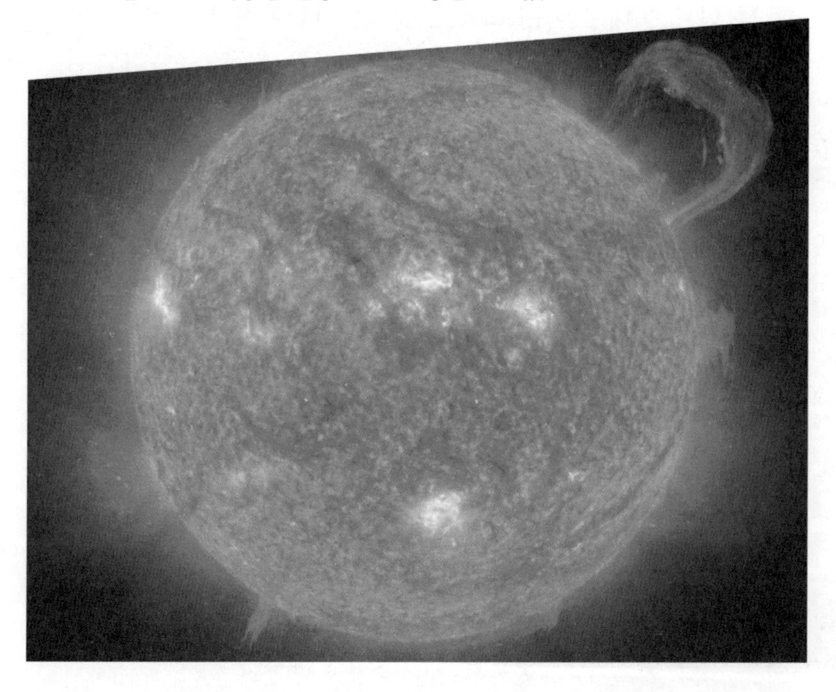

핵융합 반응을 위해 필요한 기술은 무엇인가?

핵융합 반응은 사실 단순한 반응이지만 일어나도록 만들기가 어렵다. 아주 높은 온도 조건에서, 두 개의 다른 종류의 수소 원자가 융합하여 헬륨을 만들고 엄청난 에너지를 내보낸다. 섭씨 약 1억 도에 이르는 반응 온도를 만드는 것만이 문제가 아니다. 높은 온도의 수소 원자들을 담아 둘 수 있는 반응로가 있어야 한다. 토카막은 자기장을 이용하여 플라스마 상태의 핵융합 연료 기체를 가두어 두는 장치로 핵융합로를 구현할 수 있는 최적 기술로 믿어지고 있다. 아직 해결해야 할 어려운 문제들이 많지만, 만약 성공한다면 그 대가는 아주 클 것으로 생각된다.

반응에 필요한 수소의 동위원소 중 한 가지는 핸드폰 배터리를 만드는 데 쓰이는 리튬으로부터 만들어진다. 노트북컴퓨터 하나에 들어 있는 양의 리튬과 욕조를 반 정도 채운 분량의 물속에 들어 있는 수소만 있으면, 한 사람이 약 30년간 사용할 수 있는 양의 에너지를 생산할 수 있다.

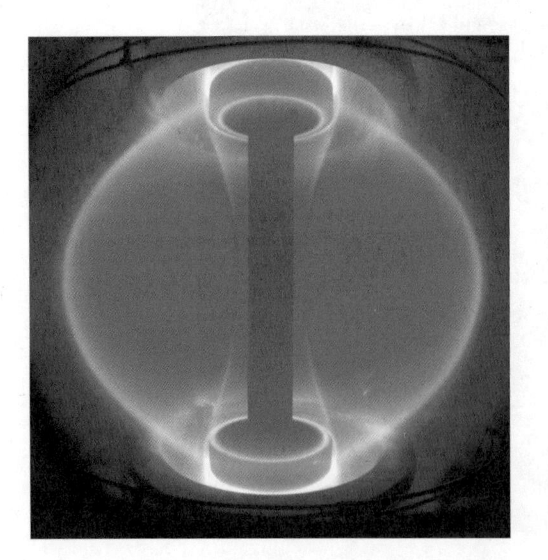

핵융합 반응이 일어나도록 하려면 먼저 수소를 가열하여 물질의 제4 상태라고도 부르는 고온의 플라스마 상태가 되도록 해야 한다.

핵융합 연구는 어떻게 진행되고 있는가?

우리나라를 비롯해 세계 몇몇 나라가 연구 목적의 융합로를 만들어 운영해 왔다. 현재 유럽과 미국, 러시아, 중국, 인도, 일본 그리고 한국의 과학자들이 함께 국제핵융합실험로(ITER)를 건설하기 위해 협력하고 있다. 프랑스 남부의 카다리쉬에 건설되고 있는 이 핵융합로는 기존의 유럽연합이 운영해 온 융합로에 비해 열 배 정도의 크기를 갖게 되겠지만 상용화할 수 있는 전기

KSTAR의 진공용기 내부

KSTAR는 대전에 위치한 국가핵융합연구소 내에 있는 차세대 초전도 핵융합 연구 장치로 3,000억 원 이상의 예산이 투입되어 1995년에 건설이 시작되어 2007년에 완공되었다. 과학자들은 이 초전도 토카막 장치를 이용하여 융합로를 더 오랫동안 안정적으로 운전할 수 있는 기술을 찾아내기 위해 노력하고 있다.

사진 ⓒ 국가핵융합연구소

를 생산할 만큼 충분히 크지는 못하다. 일부 과학자들은 충분한 양의 전력을 생산할 수 있는 핵융합로를 만들 수 있으려면 앞으로 최소 50년 이상 걸릴 것으로 예측하기도 한다.

핵융합 기술 개발에는 천문학적인 비용이 필요하다

지구 위의 인공 태양이라고도 불리는 핵융합은 미래의 혁신적인 에너지 생산 기술이 될 것으로 기대되지만, 가까운 장래에 상용화할 수 있는 전력 생산 방식이 되기는 어려우며 그 연구와 개발 비용은 천문학적이다. 이 때문에 국제간 협력과 비용 분담이 활발하게 이루어지고 있다. 어떤 사람들은 더 짧은 시간 안에 우리의 에너지 생산과 소비의 방식이 지속 가능한 시스템으로 옮겨 가도록 도울 수 있는 에너지 기술 개발에 좀 더 집중해야 한다고 주장하기도 한다.

수소 기반 에너지의 미래

전기의 형태로 에너지를 생산하고 전력망을 통해 수요처로 에너지를 보내는 방식 외에 필요한 곳으로 에너지를 공급하는 또 다른 방법이 있다. 바로 수소와 연료전지를 이용하는 것이다. 재생에너지원으로부터 전력을 생산하면 이산화탄소가 발생하지 않지만, 안정되고 균일한 양의 전력을 공급하는 것은 쉽지 않다. "태양은 항상 비치는 것이 아니고 바람은 언제나 부는 것이 아니다."라는 말처럼, 태양광발전소는 흐린 날이나 밤에는 전력을 생산할 수 없고, 풍력발전기는 바람이 멈추면 따라 멈추어야 한다. 연료전지를 재생에너지원과 함께 사용하면, 안정적이면서도 지속적인 전력 공급을 할 수 있고 자동차와 같은 교통수단을 위한 전력을 수소 연료를 이용해 공급할 수도 있다.

연료전지는 어떻게 전기를 만들어 낼까?

연료전지는 충전할 필요가 없는 배터리와 같다. 연료전지 안에서는 수소와 공기 중의 산소가 만나 물과 전기를 만들어 낸다. 그래서 충전하는 대신 수소를 계속 공급해 주기만 하면 끊임없이 전기를 생산해 낸다. 이때 필요한 수소를 만들어 내는 방법은 여러 가지가 있지만, 천연가스에서 뽑아 내는 것이 그중 하나이다. 어떤 종류의 연료전지 시스템에서는 천연가스를 직접 넣어 주면 수소로 바꾸어 전기를 만들어 낸다.

연료전지를 이용한 전력 생산은 천연가스를 태워 그 열로 전기를 생산하는 천연가스 화력발전보다 효율이 더 높고 에너지 손실이 적다. 그 밖에 수소와 산소로 이루어진 물을 분해하여 수소를 얻는 방식이 있는데, 미생물이나 열, 빛, 전기 등을 이용한다. 그중 전기분해는 연료전지 내부에서 일어나는 반응의 역반응을 이용한다.

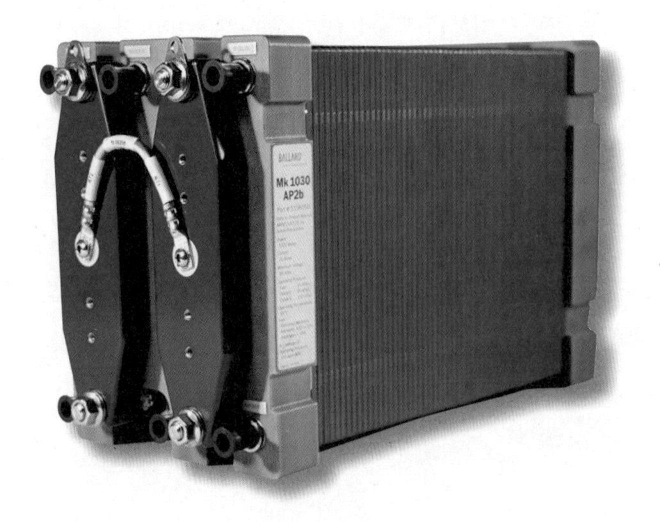

연료전지는 수소와 공기 중의 산소를
결합하여 전기를 만들어 내고
부산물로는 물을 내보낼 뿐이다.

태양광발전이나 풍력발전, 조력발전과 같이 발전 전력이 일정하지 않거나 심지어 예측이 어려운 재생에너지 발전과 결합하여 초과 공급된 전력을 이용해 수소를 만들어 저장해 두었다가 생산 전력이 모자랄 때 연료전지를 이용해 전기로 바꾸어 전력 공급을 안정화할 수 있다.

연료전지는 종류에 따라 쓰임새가 다르다

고분자전해질 연료전지인 PEMFC는 비교적 저온에서 전력을 생산하고 출력을 빠르게 조절할 수 있으면서 설치 방향이 자유롭기 때문에 자동차용 연료전지로 응용되고 있다. SOFC라고도 부르는 고체산화물 연료전지는 고온에서 작동하며 백금 같은 귀금속 촉매가 필요하지 않기 때문에 천연가스를 이용한 발전소용 연료전지로 주목받고 있다.

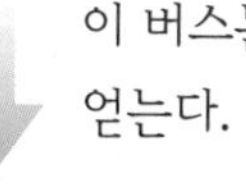

이 버스는 수소를 이용한 연료전지로부터 동력을 얻는다. 무탄소의 미래 교통을 향한 작은 한 걸음이다.

수소 기반 에너지 시스템

연료전지는 이미 일부에서는 건물에 설치되어 전력을 생산하고, 또 자동차에서 엔진을 대체하여 동력을 공급하고 있다.

미래에는 수소를 매개로 하는 에너지 시스템을 통해 에너지 생산과 공급, 그리고 소비가 이루어질 것으로 생각하는 사람들이 많이 있다. 수소는 재생에너지원으로부터 얻어진 에너지를 이용해 생산될 수 있다. 이렇게 얻어진 수소는 높은 압력으로 저장되어 에너지를 필요로 하는 곳까지 수송된다. 각 가정에는 천연가스 대신 수소가 수소관을 통해 공급된다. 밤에는 주차해 놓은 자동차에 수소가 충전된다.

전력망과 석유 기반의 연료 시스템을 통해 이루어지던 일들이 언젠가는 수소를 기반으로 하는 에너지 시스템으로 대체될지도 모르겠다. 하지만 이 모든 일이 일어나려면 좀 더 시간이 필요하다. 이런 일이 가능하려면 수소관 설치와 같은 공급망에 대한 투자가 있어야 한다. 연료전지의 가격도 더 낮추어야 한다. 하지만 이 시스템이 가능해진다면 탄소가 매개되지 않은 지속 가능한 에너지 생산과 공급, 수요가 실현될 수 있다.

에너지 문제, 시간이 해결해 줄까?

이산화탄소나 방사능을 발생시키지 않으면서 전력을 생산할 수 있는
에너지 기술들이 있다는 것을 알아보았다.
물과 바람과 햇빛으로부터 우리에게 필요한 에너지를 거두어들일 수 있다.
태양광발전과 풍력발전, 또 어쩌면 아직 발견되지 않았을 다른
재생에너지 기술들을 통해 에너지를 생산하고, 수소를 무탄소의 연료로 쓸 수 있다.
하지만 아직까지는 이런 기술들로 생산된 에너지의 가격이 화석연료로부터 얻는
에너지에 비해 비싸다. 언젠가 시간이 더 지나서 기술이 발전하고
화석연료를 사용하는 비용이 오르게 되면 재생에너지가 중요한 역할을 할 수 있는
환경이 되겠지만, 그때가 오기를 무작정 기다리기만 해도 괜찮을까?
우리에게 주어진 시간이 많지 않다. 인류의 에너지 소비는 급격하게
증가하고 있고 지구의 열평형이 바뀌어 가고 있다.

큰 발전소를 짓는 일은 시간이 오래 걸리는 일이다. 예를 들어 원자력발전소를 건설하기 위해서는 계획하는 단계부터 실제 처음으로 전기를 생산해 내기까지 보통 10년 이상의 시간이 걸린다.

어떤 발전소를 건설해야 하는가?

태양광발전소나 풍력발전기, 파력발전기를 건설하는 일은 비용이 많이 든다. 그래서 화석연료를 이용해 전기를 생산하는 발전소를 무탄소의 대체에너지 생산시설로 바꾸어 가는 것은 짧은 시간 안에 쉽게 할 수 있는 일이 아니다. 어떤 발전소를 지어야 할지를 결정하는 사람들은 정치를 하는 사람들이지만, 어떤 방법이 가장 좋은지에 대해 정치인들이 모두 동일한 의견을 가지고 있는 것은 아니다. 그들은 다양한 사람들로부터 의견을 듣고 있다.

원자력발전이 인류의 에너지 수요를 충족하면서 화석연료에 대한 의존도를 완화할 수 있는 유일한 대안이라고 믿는 사람들은 원자력발전의 강점을 설득하고 싶어 한다. 비교적 값싸고 질 좋은 에너지원을 공급하던 석유 회사들은 석유를 전력 발전과 교통수단을 위한 연료로 공급함으로써 얻던 이익을 유지하고 그들의 산업을 보호하려고 한다.

환경을 중요하게 생각하는 사람들도 에너지 관련 정책에 대해 모두 같은 의견을 가지고 있는 것은 아니다. 많은 경우는 아니지만, 환경주의자들 가운데 일부는 원자력발전을 지지하는 입장이다. 수력발전과 조력발전이 탄소를 발생시키지 않는 발전 방식이기는 하지만, 댐이나 방조제를 건설해야 하는 이들 발전 방식이 지역 생태계와 야생 동식물의 서식지에 미치는 영향에 대해 걱정하는 사람들이 있다. 지역 주민들 중에는 원자력발전소뿐만 아니라 풍력발전단지가 거주 지역에 건설되는 것을 반대하는 사람들도 많다.

비용이 가장 적게 드는 방법이 가장 좋은 선택은 아니다

어떤 발전소를 지어야 할지 결정할 때에 정부로서는 지구 온난화에 미칠 수 있는 영향뿐만 아니라 발전소 건설을 위한 비용과 시간, 또 건설된 발전소에서 생산할 수 있는 전력의 양과 가격 등을 고려해야만 한다. 하지만 비용이 가장 적게 드는 방법이 가장 좋은 선택이 되는 것은 아니다. 명확한 비용 이외에 미래에 지불해야 할 비용이나 파급 효과와 같이 쉽게 드러나지 않는 비용은 예측이 어렵기 때문이다.

원자력발전은 이산화탄소를 발생시키지 않으면서 우리의 에너지 수요를 충당하는 수단이 될 수 있겠지만, 방사성 폐기물 처리와 폐로 관리 등 치러야 할 큰 빚을 미래 세대에게 떠넘기는 셈이 될 수 있다.

풍력단지를 육상에 조성할 경우에는 더 적은 비용으로 건설하고 운영할 수 있지만, 바다 위에 건설하는 해상풍력단지는 질 좋은 바람 자원으로 더 많은 전력을 생산할 수 있고, 주거 환경에 영향을 미칠 수 있는 문제를 완화할 수 있다.

화석연료의 사용을 줄이고 재생에너지원으로부터 전력을 생산한다면 당장은 더 비싼 전기 요금을 지불해야 할지도 모른다. 하지만 우리의 에너지 생산과 소비를 건강하고 지속 가능한 시스템으로 바꾸고 새로운 에너지 기술의 발전을 앞당길 수 있다.

남은 시간이 별로 없다

어떤 종류의 발전소를 지어야 할지 논쟁하고 있는 동안에도, 우리에게 주어진 시간은 빠르게 사라져 가고 있다. 지구 온난화는 과학자들이 예측한 것보다 더 빨리 진행되어 간다. 만약에 지금 당장 화석연료로부터 에너지를 얻는 일을 그만둘 수 있다고 하더라도, 이미 우리가 지금까지 에너지 생산을 위해 대기에 뿜어낸 이산화탄소의 양만으로도 지구의 온도는 섭씨 1도가량 오를 것으로 예측된다.

최근에 겪은 세계적 경기 침체와 탄소 배출을 줄이려는 노력으로 인류가 해마다 만들어 내던 이산화탄소의 끝 모르던 증가세는 조금 주춤하는 추세지만, 여전히 엄청난 양의 이산화탄소가 대기에 더해지고 있다. 게다가 지구의 온도가 더 올라가면 지구 온난화를 촉진할 수 있는 자연현상들이 일어나기 시작해, 손쓸 도리가 없는 상승 작용을 일으킬 수 있다.

지구 온난화는 빠르게 진행되고 있다

과학자들은 지구 온난화가 그들이 생각했던 것보다 빠르게 진행되고 있다는 것을 깨달았다. 전 세계에 걸쳐 분포되어 있는 빙하가 녹아 사라지며 그 규모가 작아지고 있다. 예를 들어 그린란드와 노르웨이의 빙하들은 10여 년 전에 비해 수백 미터나 더 짧아졌다. 그린란드에는 너무 추워서 이전에는 자라지 못하던 곡물들이 자라고 있다. 또 곳에 따라서는 전에 없던 새와 나비, 식

빙하는 흘러서 바다에까지 이르고 부서져서 물속으로 빠져들어 해수면을 높이고 있다. 지구 온난화는 이러한 과정이 더 빠르게 일어나도록 만들고 있다.

물들이 살아갈 수 있게 되었다.

해양 생태계 역시 지구 온난화의 영향을 받고 있다. 바닷물의 온도가 상승하면서 아름다운 빛깔의 산호초들이 탈색되어 죽어 간다. 산호에게 꼭 필요하고, 또 그 빛깔을 갖게 하는 미세식물들이 살 수 없게 되었기 때문이다. 1998년에는 지구상의 산호의 약 16퍼센트가 파괴되었던 것으로 알려진 세계적인 규모의 산호 표백 현상이 있었다. 세계 최대의 산호초인 오스트레일리아 동쪽 연안의 대보초(Great Barrier Reef)는 그 이후에도 이상 해수 온도 상승으로 인한 대규모 산호 표백을 몇 번 더 겪었는데, 2006년에는 대보초의 절반 이상이 영향을 받았다.

서울의 백 년간 기온 상승 폭은 지구 평균의 세 배였다

우리나라는 지난 백 년간의 기온 상승 폭이 1.5도로 지구 평균보다 훨씬 높다. 그중 서울의 경우에는 2.4도로 지구 평균의 세 배에 이른다. 밤에도 기온이 떨어지지 않는 여름철 열대야가 있던 날이 서울에서는 1970년대에 약 4일에서 최근에는 8일 정도로 급격히 늘었다.

전국에서 열대야가 가장 빈번하게 나타나는 부산의 경우에는 2010년에 무려 37일을 기록했다. 겨울은 짧아진 반면 봄과 여름은 길어지고 있어서 왜가리, 백로와 같은 여름 철새가 계절이 바뀌어도 떠나지 않고 텃새가 되어 가고 있으며 개나리, 진달래

여름은 점점 더 더워지고,
더 많은 사람이 선풍기와
에어컨을 사용하게 된다.

같은 봄꽃의 개화 시기가 앞당겨지고 있다.

연안의 해수 온도가 상승함에 따라 명태, 대구, 도루묵의 어획량이 감소한 반면 고등어, 멸치, 오징어는 더 많이 잡히고 있다.

지구 온난화가 더 많은 에너지 소비를 부추긴다

우리가 아무 일도 하지 않은 채 지구 온난화 현상을 바라보고만 있으면 전기 에너지 수요는 전 세계에 걸쳐 계속 늘어날 것이다. 그러는 가운데 우리의 에너지 소비로 속도를 더해 가던 지구 온난화 현상이 이번에는 거꾸로 더 많은 에너지 소비를 부추기게 될 수도 있다. 여름이 더 더워질수록 더 많은 집과 상가, 사무실들이 에어컨을 설치하고 선풍기를 더 많이 사용하게 될 것이다.

티핑포인트에 이르면 지구 온난화는 더욱 가속화될 것이다

어떤 현상이 극적으로 가속화되어 전파되는 전환점을 티핑포인트(tipping point)라고 부른다.

우리의 늘어나는 에너지 수요를 방치해 둔다면, 결국은 감당할 수 없는 상황이 되어 버릴 수도 있다.

지구 온난화에 의해 일어난 자연재해가 다시 온난화를 심화시키는 여러 티핑포인트가 있을 것으로 예측된다. 예를 들어 지구 온난화가 계속되면 아마존의 우림은 점점 건조해질 것이다. 이는 낙뢰 등에 의한 산불이 더 쉽게 일어날 수 있다는 것을 의미한다. 세계의 허파라고도 불리는 넓은 지역의 나무와 숲이 유실되면 지구 온난화는 더 심화될 것이다. 또한 기온의 상승으로 북극해 주변 **툰드라** 지역의 동토가 녹으면 얼음 속에 갇혀 있던 많은 양의 메탄가스가 대기 중으로 방출될 것이다. 메탄가스는 이산화탄소보다 더 온실 효과가 큰 온실가스이다.

툰드라
극지방의 주변 경계나 높은 산의 만년설 아래쪽 고도에서 발견되는 생태 지역으로 이끼나 풀, 작은 나무들이 자란다.

지금 바로 실천해야 한다

온실가스 배출을 줄이는 가장 빠르고 쉬운 방법은 낭비되는 에너지를 줄이는 것이다. 어두운 방에서 책을 읽고 싶어졌다면 당신에게 필요한 에너지는 빛에너지이다. 다행히 스위치를 올려 전등을 밝힐 수 있다면(지구상의 모든 사람이 다 그렇게 운이 좋은 건 아니지만) 그것은 아마도 어디선가 천연가스를 태워 얻은 전기에너지가(발전) 송전망을 통해 방 안까지 전달되어(송전) **백열전구**를 이용해 빛에너지로 바뀌고 있는 것일 수도 있다(변환). 그런데 발전소에서 전기를 만들어 내는 동안 천연가스의 에너지를 모두 전기로 바꿀 수 있는 것도 아니고(발전효율), 만들어진 전기가 송전망을 통해 손실 없이 전부 전달될 수 있는 것도 아니며(송전효율), 백열전구가 전기에너지를 모두 다 빛으로 바꿀 수 있는 것도 아니다(변환효율). 에너지를 만들고 전달하고 사용하는 동안 항상 손실이 있기 때문에 실제 필요한 에너지보다 훨씬 더 많은 양의 화석연료를 태워야 한다. 어떻게 하면 천연가스를 태워 발생하는 이산화탄소를 줄일 수 있을까? 바로 발전과 송전과 소비의 효율을 높이는 것이다.

연료전지를 이용하면 화력발전에 비해 더 적은 양의 천연가스로 동일한 전력을 만들 수 있다. 전력망의 효율을 높이면 송전 단계에서 일어나는 손실을 줄일 수 있다. 절전형 전구를 사용하면 백열전구보다 훨씬 적은 전기에너지를 사용하여 같은 밝기의 빛을 얻을 수 있다. 하지만 많은 경우에 효율이 높은 에너지 기술을 채택하려면 가격이 비싸진다. 그래서 이때 에너지 소비자의 선택이 중요해진다. 에너지 효율이 높은 제품을 구입하고 필요 없

백열전구
필라멘트를 전기저항으로 뜨겁게 가열하여 빛을 만드는 전구

이 낭비되는 에너지를 줄이는 실천을 해 간다면 절전형 전구, 연료전지, 하이브리드 자동차와 같은 고효율 에너지 기술의 경쟁력이 높아질 수 있다.

우리 삶의 방식을 송두리째 뜯어고치지 않더라도 좀 더 경제적인 에너지 소비를 하는 것만으로도 온실가스를 줄여 나갈 수 있다. 더군다나 전기에너지에 대한 수요를 줄어 갈 수 있다면 아직은 값이 비싼 재생에너지로부터 필요한 전기를 공급하는 것이 더 쉬워진다.

대기 상태로 두지 말고, 텔레비전을 꺼서 전기를 아껴야 한다.

가정에서 전기를 아끼는 방법

- **텔레비전이나 오디오, 컴퓨터 등을 대기 상태로 두지 말자.** 켜 두었을 때에 비해 많으면 절반 정도까지의 에너지를 계속 소비한다. 스위치를 끄자.
- **전화기나 다른 휴대 기기의 충전기를 밤새 켜 두지 말자.** 충전이 끝났을 때 플러그를 뽑아 두자. 그렇지 않으면 충전기로 전기가 계속 소모된다.

- **방을 나갈 때는 전등을 끄자.** 만약 4천만 명이 전등을 한 개씩 끈다면, 두 개의 대형 석탄 화력발전소의 출력에 해당하는 에너지를 아낄 수 있다.
- **일반 백열전구를 절전형 전구로 바꾸자.** 절전형 전구는 일반 백열전구에 비해 4분의 1정도의 전기만을 사용하며 여덟 배 정도 수명이 길다.
- **세탁기나 식기 세척기는 가득 채워서 사용하자.**
- **가능하면 가장 경제적인 세팅으로 사용하자.**
- **전기나 연료를 되도록 경제적으로 사용하자.**
  예를 들면 요리를 하거나 차를 준비할 때 필요한 이상으로 물을 끓이지 말자.

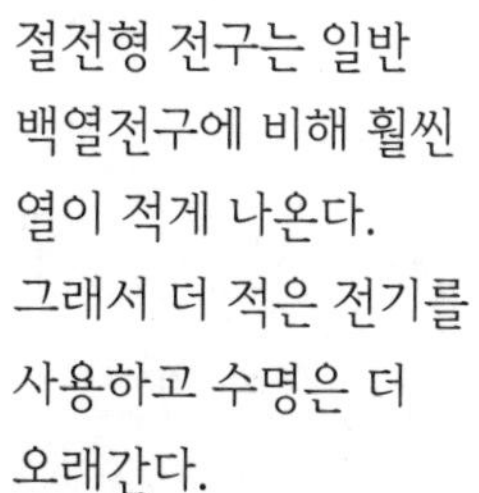

절전형 전구는 일반 백열전구에 비해 훨씬 열이 적게 나온다. 그래서 더 적은 전기를 사용하고 수명은 더 오래간다.

탄소상쇄는 가능한가?

어떤 회사들은 탄소상쇄(carbon offsetting)라는 아이디어를 냈다. 탄소상쇄란 에너지를 사용함으로써 이산화탄소를 발생시켰다면 자발적으로 돈을 지불하여 다른 곳에서 이산화탄소의 배출을 줄이도록 하는 방법으로 이미 발생시킨 이산화탄소를 상쇄시키겠다는 의도이다. 예를 들어 보자. 지난해에 지불한 전기 요금 고지서와 주유소 영수증을 이용해서 당신은 일 년 동안 당신의 가정에서 얼마만큼의 이산화탄소를 배출해 냈는지 환산해 낼 수 있다. 그다음 당신은 그 배출 총량에 해당하는 만큼의 이산화탄소를 줄일 수 있는 방안들에 투자하도록 탄소상쇄 회사에 돈을 지불한다. 이러한 탄소 절감 방안들에는 나무를 심는다거나, 가난한 나라에 무료로 절전형 전구를 나누어 준다거나 하는 일들이 포함된다.

그럴듯하게 들리는가? 문제는 발생시킨 이산화탄소는 대기중에서 이미 지구 온난화를 가속화하고 있는 반면에 탄소상쇄에 의해 실행되는 탄소 절감 방안들은 오랜 시간에 걸쳐 이산화탄소를 줄여 가게 된다는 것이다. 그나마 그 방안들이 원래 계획만큼의 이산화탄소를 줄일 수 있다는 보장도 없다. 예를 들어 먼 나라로 보내진 절전형 전구가 모두 잘 설치되어 쓰일지 모르는 일이고, 그렇게 심은 나무가 죽지 않고 잘 살아남을지 역시 확신할 수 없다. 그러나 무엇보다도 탄소상쇄의 가장 위험한 측면은 사람들이 자신의 탄소 배출을 이미 상쇄시켰다는 생각을 갖게 되어 부담을 갖지 않고 이산화탄소를 발생시키는 일을 계속하게 된다는 점이다.

세계가 함께 협력해야 한다

우리는 각자 지구의 시민으로서 에너지 절약을 실천함으로써 지구 온난화에 개인적인 대응을 해야 하지만, 그 이름이 의미하듯이 지구 온난화는 전 세계가 모두 함께 영향을 받는 문제이다. 그러므로 국제적인 협력을 통해 각국의 정부들과 국민들이 함께 대처해야만 한다.

누구의 책임인가?

우리는 시간을 아끼고, 좀 더 편안하고, 더 쾌적하고, 사생활을 즐기고, 더 즐거움을 누리기 위해 에너지를 사용하면서 그 결과 우리 지구의 대기에 이산화탄소를 배출해 왔다. 하지만 세상 모든 나라의 모든 사람이 지금까지 우리가 배출해 온 이산화탄소에 동일한 책임이 있는 것은 아니다. 가난한 나라의 외진 지역에 살고 있는 많은 사람은 여전히 에너지로부터 소외된 채 생활하고 있다.

119쪽에 실린 지도에는 세계 주요 이산화탄소 배출국들의 2009년도 배출량을 백만 톤 단위로 표시했다. 발전된 나라일수록, 혹은 인구가 많은 나라일수록 더 많은 이산화탄소를 배출하는 경향이 있다. 미국은 오랫동안 전통적인 최대 이산화탄소 배출국이었다. 하지만 2008년 이후에는 빠른 속도의 경제 성장을 이룩하고 있는 중국이 최대 배출국의 자리를 이어받아 미국과의 격차를 늘려 가고 있다. 또 2009년에는 인도가 러시아를 따라잡아 중국, 미국에 이어 세계 세 번째의 배출국이 되었다. 세계적인 경기 침체의 영향으로 사상 최초로 전 세계 이산화탄소 총 배출량이 근소하게나마 감소한 가운데에도, 중국과 인도 이 두 신흥 개발국의 배출량은 크게 늘었다. 일본과 독일을 합쳐 상위 여섯 나라의 배출량이 전 세계 배출량의 60퍼센트를 차지한다. 2009년에 우리나라도 캐나다에 이어 여덟 번째의 이산화탄소 배출국이었다.

이산화탄소 배출량은 각 나라의 정부 정책에 크게 영향을 받고 국가별로 관리하는 것이 효과적이지만, 나라마다 필요로 하는 에너지의 상대적인 양과 산업 발전 정도를 고려하지 않고 직접 비교하는 것은 공정하지 않을 수 있다. 그래서 나라별 배출량을 그 나라의 인구 수로 나누어 한 사람당 이산화탄소 배출량을 살펴보는 것도 의미가 있다.

미국은 역시 사우디아라비아, 오스트레일리아 등과 함께 일인당 배출량에서도 높은 순위를 차지하고 있다. 우리나라의 일인당 배출량은 러시아, 독일 등과 비슷한 수준이며 일본보다 조금 높다. 중국의 경우는 일인당 배출량이 빠르게 증가하는 추세지

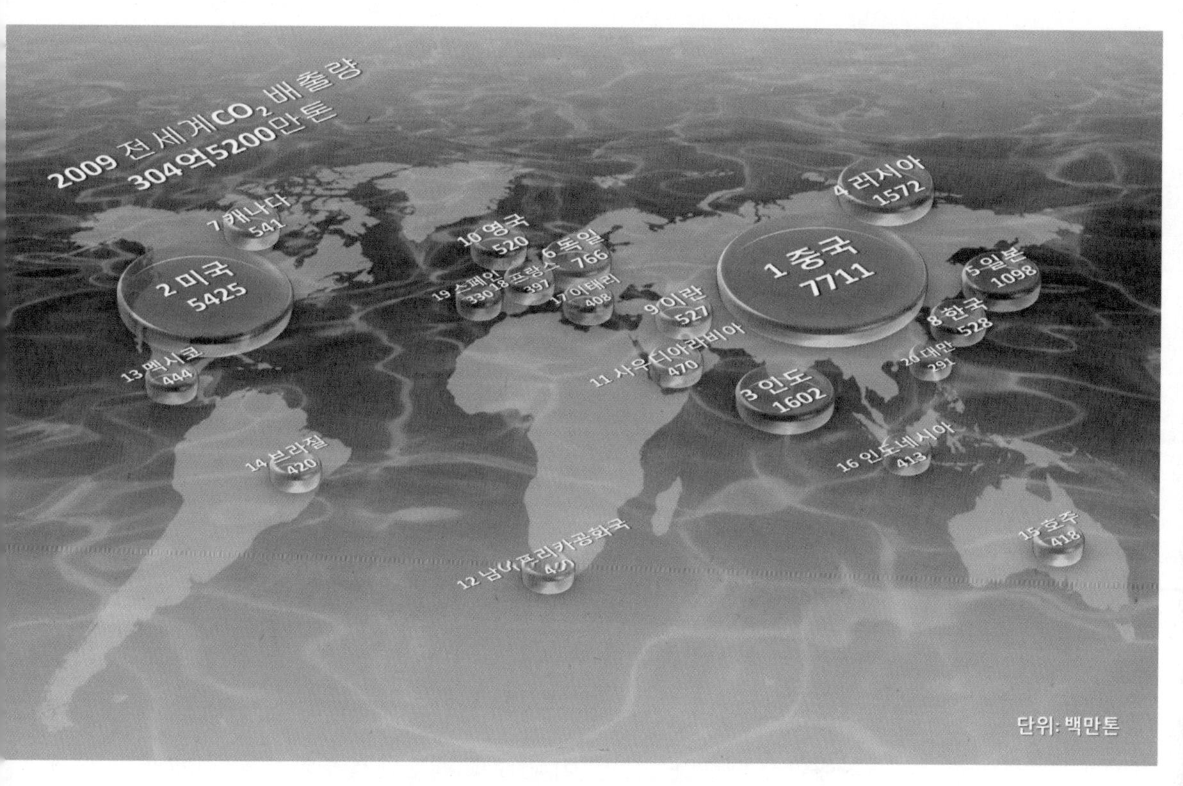

이 그림은 2009년도 세계 주요국들의 이산화탄소 배출량을 나타내고 있다.

만 2009년 당시 우리나라의 절반 수준이며 원자력발전 의존도가 높은 프랑스와 비슷하다. 12억의 인구를 가진 인도는 아직 일인당 배출량은 낮은 편이어서 약 여덟 사람이 배출하는 양이 우리나라에서 한 사람이 배출하는 양과 같다. 소득 수준이 높고 인구가 적은 북유럽의 국가들은 배출 총량은 적지만 일인당으로 환산하면 유럽의 다른 주요 배출국과 비슷한 수준이다.

현재 진행되고 있는 지구 온난화는 이른 시기에 산업화를 완성하고 높은 에너지 소비를 유지해 온 선진국들의 책임이 더 큰 것이 사실이지만, 많은 인구를 가지고 빠르게 발전하고 있는 신흥개발국의 경우에는 앞으로도 그 배출량이 큰 폭으로 늘어날 여지가 크다는 점이 우려되고 있다.

지구 온난화를 막기 위한 온실가스 감축 목표

세계는 온실가스 배출량을 2050년까지 1990년 수준의 절반 정도로 줄여야 한다. 이는 기후변화에 관한 정부 간 협의체(IPCC)의 보고서 등 주요 보고서들에서 강력히 권고된 수치이다. 이를 위해 이미 산업화를 완성한 선진국 및 주요 배출국들은 이산화탄소 배출량을 절반 이상, 80퍼센트까지 줄여야 한다. 그래야만 아직 산업화 초기에 있거나 진행 중인 가난한 나라들이 경제 발전을 이룰 수 있는 기회를 갖도록 하면서도 지구 대기 중 이산화탄소 농도의 목표치를 맞출 수 있기 때문이다. 공교롭게도 인류의 산업화와 에너지 수요 증가에 기인한 지구 온난화에 따른 피해는 아직 산업화되지 않은 가난한 나라들에서 더 클 것으로 예측되고 있다. 좀 더 공평하려면 그들이 경제 발전을 통해 지구 온난화의 피해를 감당할 수 있는 부를 축적할 기회를 가질 수 있어야 하겠다.

UN기후변화협약과 교토의정서

각 나라마다의 온실가스 배출 제한이 공정하게 정해지고 국제적으로 합의될 필요가 있다. UN기후변화협약은 지구 온난화를 완화하기 위해 무엇을 할 수 있는지를 세계가 함께 고민하기 위한 국제 조약으로 190여 개 국가가 참여하고 있다. 이 협약은 "공동의 그러나 차별적인" 책임이라는 원칙을 가지고 지구 대기 중의 온실가스 농도를 기후 시스템에 위험한 인위적 간섭이 일어나지 않도록 할 수 있는 수준으로 안정화하는 것을 목적으로 한다. 하지만 협약 자체는 개별 국가의 온실가스 방출을 제한하고 강제할 수 있는 장치를 가지고 있지 않다.

협약에 참여하고 있는 당사국들은 일 년에 한 번씩 당사국 총회를 통해 만나고 있는데, 1997년 일본의 교토에서 열렸던 3차 총회에서 국제적인 법적 구속력을 가지는 교토의정서가 채택되었다.

산업화를 완성한 나라로 분류된 OECD 국가와 유럽연합 국가들을 대상으로 의무감축량을 설정하고 배출량거래제 등 목표감축량 달성을 위한 유연성 제도를 도

스턴 보고서

영국의 경제학자인 니컬러스 스턴은 2006년 그의 보고서에서 선진국들이 지구 온난화를 완화하기 위한 과학기술에 지금 투자하는 것이 지구 온난화 방치로 일어날 재난 때문에 치러야 할 비용에 비하면 훨씬 더 경제적으로 이득이 된다는 연구 결과를 발표했다.

입한 교토의정서는 주요 배출국인 미국이 자국 산업의 보호를 이유로 비준을 거부하여 어려움을 겪었지만 오랜 기간 동안 각 참여국의 비준 과정을 거쳐 2005년에 발효되었다.

기후변화협약이 채택되던 당시 OECD에 가입하지 않고 있던 우리나라는 지금은 배출량의 의무 감축을 면제받고 있지만 온실가스 주요 배출국으로서 자발적 참여를 요구받고 있다. 우리 정부는 2012년에 만료되는 교토의정서의 연장을 논의하기로 계획되었던 2009년 15차 코펜하겐 당사자 총회를 앞두고 2020년까지 그 당시 배출량을 기준으로 약 4퍼센트를 감축하겠다고 발표했다.

온실가스 배출을 줄이기 위해 반드시 필요한 세 가지

온실가스의 배출량을 줄인다는 것은 큰 틀에서 보면 화석연료를 기반으로 한 에너지의 사용을 줄이겠다는 것을 의미한다. 이를 위해 첫째는 경쟁력 있는 무탄소 에너지 변환 기술이 필요하다. 둘째는 에너지 수요를 완화할 수 있는 고효율 에너지 기술이 필요하다. 세 번째는 정책이다.

저렴한 화석에너지 대신 재생에너지와 고효율 기술로 옮겨 가면 단기적 관점에서 에너지 가격의 상승을 초래할 수 있다. 국가적으로 구속력 있는 배출량 감축을 선언하는 것이 장기적으로는 미래 에너지 기술의 발전을 유도하여 자국 내 에너지 생산과 소비 체계를 건강하고 지속 가능한 시스템으로 빠른 시간 안에 개선해 나가는 데 도움이 될 수 있다. 하지만 이에 따른 단기적인 에너지 가격 상승은 기업 경쟁력을 악화시키고 저소득층의 에너지 소비를 제한하게 될 수 있다. 이와 같은 이유로 잘 준비되고 치밀한 정책과 계획이 필수적이며, 국제적인 합의와 국가 간 협력이 반드시 필요하다. 이웃 일본과 유럽 선진국들은 어렵지만 신중한 선택을 하고 있는 듯이 보인다.

시장 원리 도입과 민간 투자 유도를 위한 '탄소 거래'

인류의 에너지 공급과 수요의 구조가 미래 지향의 지속 가능한 시스템으로 옮겨 가기 위해서는 무탄소 에너지 기술과 고효율 에너지 기술을 개발하고 발전시키는 것이 무엇보다 중요하다는 것은 자명하다. 하지만 현재로는 상대적으로 가격이 높은 이런 미래 에너지 기술들이 우리가 누리고 있는 값싸고 질 좋은 에너지원인 화석연료를 기반으로 한 에너지 시스템과 비교하여 시장에서 경쟁력을 가지기가 어렵다. 이 때문에 세계의 많은 나라의 정부들이 세금 제도를 이용하거나 국가 사업을 추진하는 등의 방식으로 공공 자산을 투자하여 미래 에너지 기술을 확보하기 위해 노력하고 있다. 하지만 정부가 주도하는 공공 투자의 경우 그 효율성과 규모의 한계에 대해 우려가 있는 것도 사실이다.

국가 간에 이산화탄소의 배출량 감축에 대한 합의가 이루어지

탄소 거래
나라 또는 회사 간에 이산화탄소 배출량에 관한 합의가 이루어졌을 경우, 잉여의 탄소 배출권을 사고팔 수 있도록 한 제도

고 나면, 감축 잉여분이나 부족분에대한 탄소배출권을 사고팔 수 있도록 제안된 것이 **탄소 거래**이다. 탄소 거래제는 이산화탄소의 배출로 야기될 수 있는 미래의 비용을 현재의 시장 가격에 반영하여 궁극적으로는 무탄소 고효율 에너지 기술에 민간으로부터의 투자를 유도하고 이익을 낼 수 있는 환경을 만들려는 노력이다. 또 에너지를 많이 사용하는 선진국이 상대적으로 에너지를 덜 쓰는 후진국에 에너지 기술 이전이나 자본 투자를 하도록 장려하기 때문에, 선-후진국 간의 기술 장벽이나 경제력 차이에 의한 차별을 완화하는 데 도움이 될 것으로 기대되고 있다.

유용한 웹 사이트

이 책에서 다룬 지속 가능한 미래를 여는 에너지 기술과 인류가 맞닥뜨린 거대한 도전인 기후변화에 관하여 더 관심을 가지고 알아보고 싶다면 방문해 볼 만한 웹 사이트들이 많이 있습니다. 그 가운데 몇 곳을 여기에 소개하겠습니다.

지구 온난화

www.climate.go.kr

한국 기상청의 기후변화정보센터이다.

cleanair.seoul.go.kr/inform.htm?method=climateEffect01

서울특별시 대기환경정보 사이트에서 기후변화 관련 정보를 제공하고 있다.

www.epa.gov/climatechange

미국 환경보호국의 웹 사이트로 지구 온난화와 그 결과 환경과 생태계에 미치는 영향들에 대해 설명하고 있으며 우리가 할 수 있는 다양한 일을 제안하고 있다.

climate.nasa.gov/

미국 항공우주국의 웹 사이트로 이산화탄소 농도, 지표 온도 변화, 북극해의 얼음, 남극과 그린란드의 육상 얼음, 해수면 등 기후변화의 징후들을 추적한 자료들을 보여 주며, 기후변화의 증거들과 원인, 영향들에 관해 설명하고 있다.

www.ipcc.ch/

정부 간 기후변화 위원회(Intergovernmental Panel on Climate Change)의

웹 사이트. IPCC는 인간의 활동으로 야기되는 기후변화에 관한 이해에 관련된 과학적, 기술적, 사회경제적 정보를 평가한다.
2007년 노벨평화상을 수상했다.

www.climatehotmap.org
세계 곳곳에서 일어나고 있는 지구 온난화의 초기 징후들을 보여 주는 지도를 제공한다.

www.climatecrisis.net
영화 '불편한 진실'의 웹 사이트로 지구 온난화에 관련된 사실들과 대응 방법 등을 제시하고 있다.

재생에너지

www.kweia.or.kr/
한국풍력산업협회의 웹 사이트로 풍력발전 기술에 관해 소개하고 기술 동향과 발전 현황 및 통계 자료를 제시한다.

www.kier-wind.org/
한국에너지기술연구원의 풍력발전연구단 웹 페이지로 국내 바람 자원의 데이터베이스 구축과 풍력 예보 기술 등의 연구 성과를 소개한다.

tlight.kwater.or.kr/
시화호 조력발전소의 웹 사이트이다.

www.knrec.or.kr/knrec/11/KNREC110000.asp

에너지관리공단 신재생에너지센터 웹 사이트로 신재생에너지 기술에 대해 소개한다.

www.nrel.gov/learning/re_basics.html

미국 국립재생에너지연구소의 웹 페이지로 풍력발전기의 원리, 태양에너지를 이용한 발전 기술과 원리 등 재생에너지 관련 기술을 소개한다.

www.hydrogen.energy.gov/

미국 에너지성의 수소 연료전지 프로그램 웹 사이트로 수소의 생산과 저장, 수송 기술 그리고 연료전지 기술 등에 관하여 소개하고 있다.

www1.eere.energy.gov/hydrogenandfuelcells/fuelcells/fc_types.html

미국 에너지성의 웹 페이지로 연료전지를 다양한 종류로 분류하고 소개하고 있으며 그 장점과 단점을 가능한 응용 분야와 함께 서술하고 있다.

원자력발전

www.nfri.re.kr/research/kstar_m_1_1.php

국가핵융합연구소의 한국핵융합연구로(KSTAR) 소개 사이트이다.

www.iter.org/

국제핵융합실험로(ITER) 웹 사이트이다.

글 **안젤라 로이스턴**

에든버러대학교를 졸업한 후 영국 런던에서 살고 있다. 과학이 세상을 이해하는 데 도움을 준다는 생각에서 어린이와 청소년에게 과학을 알기 쉽게 설명하는 책을 쓰고 있다. 환경 문제에도 관심이 많아 여러 해 동안 공정무역 제품과 유기농산물 구입을 실천하고 있다. 지은 책으로 《미래를 여는 소비》, 《 미래를 여는 건축》, 《지구 온난화》, 《지속 가능한 사회》 등이 있다.

편역 **김기헌**

서울대학교 기계공학과에서 학사와 석사 학위를 마치고 두 학교 간의 양해 협정에 따라 미국 콜로라도 주립대로 옮겨 박사 학위를 받았다. 미국 국립재생에너지 연구소(National Renewable Energy Laboratory, NREL)에서 Distinguished Researcher로 근무하며 차세대 자동차용 배터리 관련 다수의 연구 프로젝트를 이끌었다. 배터리의 다중물리 현상을 보다 정확하게 해석하기 위한 비선형 다중스케일 컴퓨터 모델의 개발을 주도하였으며 여러 논문과 특허를 통해 배터리 안전성분야의 전문가로서도 잘 알려져 있다. 현재는 산업체로 자리를 옮겨 전기차용 배터리 생산기업인 삼성SDI에서 연구개발 임원으로 근무하고 있다. 다른 분야와는 달리 오직 석유에만 의지해 발전해 온 자동차 분야의 에너지 효율을 높이고 동력의 에너지원을 다양화할 수 있는 차세대 자동차 기술에 관심을 많이 가지고 있다.

그림 게리 슬레이터(33쪽, 88쪽), 데이비드 웨스트 칠드런즈 북스(58쪽, 65쪽, 70쪽, 91쪽), 마크 프레스턴(64쪽), 브리지 크리에이티브 서비스(26쪽), 필리파 젱킨스(20쪽, 24쪽, 51쪽), 김기헌(38쪽, 77쪽, 79쪽, 81쪽, 95쪽, 119쪽)

미래를 여는 에너지

처음 펴낸 날 | 2014년 4월 25일
네 번째 펴낸 날 | 2018년 9월 5일

글 | 안젤라 로이스턴
편역 | 김기헌

펴낸이 | 김태진
펴낸곳 | 도서출판 다섯수레
등록일자 | 1988년 10월 13일
등록번호 | 제 3-213호
주소 | 경기도 파주시 광인사길 193(문발동) (우 10881)
전화 | 031)955-2611
팩스 | 031)955-2615
홈페이지 | www.daseossure.co.kr

ISBN 978-89-7478-387-7 44530
ISBN 978-89-7478-344-0(세트)

이 도서의 국립중앙도서관 출판시도서목록(CIP)은 서지정보유통지원시스템 홈페이지(http://seoji.nl.go.kr)와 국가자료공동목록시스템(http://www.nl.go.kr/kolisnet)에서 이용하실 수 있습니다. (CIP제어번호 : CIP2014009956)